空気の発見

三宅泰雄

角川文庫
16665

目次

第一部

第二部

第一部

1　目に見えないもの

たれが風を見たでしょう
あなたも僕もみやしない
けれど、こだちがあたまをさげて
風は通りすぎてゆく。

これは、イギリスの、クリスチーナ・ロゼッティという女流詩人のつくった詩を、西條八十《さいじょうやそ》さんが訳したもので、きみたちも、たぶん、この歌を知っているでしょう。
私たちは、私たちの周囲にある、紙でも、木でも、布《きれ》でも、水でも、目で見ることができ、手でにぎったり、さわったりして、はっきり、それらがあることを知ることができます。しかし、風は目には見えないし、手につかむこともできないものです。

けれど、つよい風が吹けば、ふきとばされそうになり、また、ときには、そよそよと、気もちよく頬をなでて行きます。

ですから、私たちのまわりに、なにかが、うごいていることだけは、たしかにわかります。

このなにかを、人々は、空気と名づけました。しかし、空気は、机や、インキなどとちがって、はっきり、ものであるといってよいか、どうか、はっきりしませんでした。

もともと、空気の「空」という字は、「なにもない」という意味をもち、またなにもない、「そら」の意味をもつ字であり、「気」は、「きもち」とか、「たましい」という意味をもった字です。つまり、風をおこす空気を、木や石と同じく、「もの」だといいきることができなくて、なにか、「たましい」のようなものだと考えていたのです。

私たちは、また、しょっちゅう、いきをしています。鼻から空気をすいこんで、またそれを出しているようにみえます。人は生きているかぎり、かならず、いきをしているので、昔の人は、ますます、空気と、たましいとは、はなすことのできないものと考えました。このような考えはどこの国でも、同じでした。

きみたちは、沼や、池などの、水の底を棒でつつくと、ブクブクと泡が出てくるのを知っているでしょう。また、パンだねでパンをつくるとき、水でこねた粉のかたまりが、だんだんふくれ上ったり、お酒をつくるとき、さかんに泡が立つのを見た人もあるでしょう。

昔の人は、これらはすべて、空気と同じものだと考えて、すべて、かんたんに、「空気」ということばでよんでいました。

英語でも air という語は、古くはこういうひろい意味に用いられました。

2　空気にも重さがある

私たちのまわりにあるものは、すべて、重さをもっています。羽根のように軽いものでも、やはり重さがあります。昔の人は、空気には重さはないと考えていました。ですから、それを、なにかたましいのように考えたのです。きみたちでもたぶん学校で空気について習うまでは、そう考えていたことでしょう。

しかし空気はたましいではなく、重さがあることを、はじめて見いだした人は、イタリーのガリレオ・ガリレイ（一五六四—一六四二年）でした。

ガリレイは一五六四年に、ピサの斜塔で名高い、ピサで生まれました。そのころまでは、宇宙の中心は、地球であって、すべての星も、太陽も地球のまわりをまわっていると考えられていました。この考

ニコラウス・コペルニクス
（1473—1543）

えをはじめてうちやぶったのはニコラウス・コペルニクス（一四七三―一五四三年）でした。彼は、地球が宇宙の中心ではなく、むしろ、太陽のまわりを地球がまわっているのだ、ということを天文学の計算によってはじめて明らかにしました。

これは、それまで何千年の間、人々がなんらのうたがいもいだかず、信じきっていたことを、すっかりさかさまにしたのですから、当時としては、思いきって奇抜な説でした。

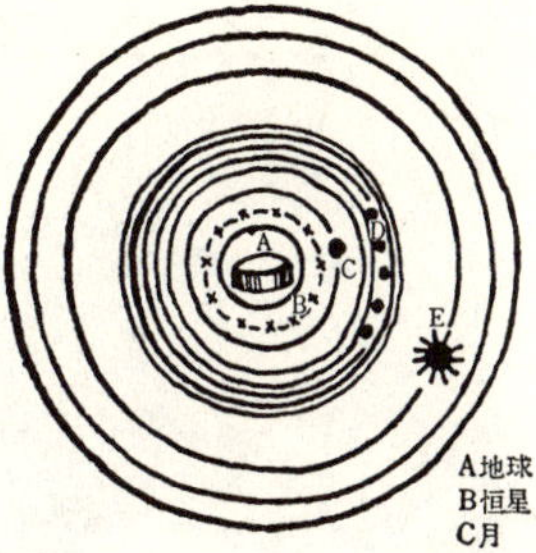

ギリシアのアナクシマンドロス（紀元前611―546）の考えた宇宙。

ガリレイは、コペルニクスの説をさらにたしかめるため、たくさんの星のかんそくを行なって、それが、うたがうことのできない真理であることを見いだしました。そうして、勇敢に、その学説をのべたために、そのころの人々をおどろかせました。そのころまで長い間、ヨーロッパはカトリック教によって支配されていました。それで当時の人々は、ガリレイの考えがカトリックの教えをないがしろにし、世の中をあやまるものだといって、彼を裁判にかけ、牢屋《ろうや》に入れて、いじめまし

ガリレオ・ガリレイ
(1564—1642)

た。

ガリレイは、このほかにも、いろいろなすぐれた仕事をのこし、今に至るまで、「科学の父」として尊敬されています。そのたくさんの仕事の中で、空気に重さがあることを発見したことは、それだけでも、ガリレイの名を不朽《ふきゅう》とするに十分でありましょう。

さて、ガリレイはどうして、空気に重さがあることを見いだしたのでしょうか。

ガリレイは、ガラスの大きいビンの中に、ポンプで空気をおしこみました。それをはかりにかけて、まず、はかりがつり合うようにしました。そうして、ビンの口をあけたところ、ビンのほうがかるくなって、おもりをのせたほうが重くなりました。これはおしこんだ空気の一部分がにげ出し、にげ出した空気の重さだけ、ビンが軽くなったためと考えることができます。

こうして空気に重さがあるということがわかりましたから、つぎには、空気が水に比べて、どんな比重をもっているだろうか、ということが知りたくなりました。

ガリレイは、さっそく、つぎのようにして、空気の比重をはかりました。まず、空気をみたした円筒の中に、その中にはじめからあった空気をにげないようにして、円筒の容積の$\frac{3}{4}$まで水をいれました。

こうして、その円筒の重さをはかったのち、円筒に小さい孔《あな》をあけ、$\frac{3}{4}$だけの容積に相当する空気を出し、そのあとでふたたび円筒の重さをはかり、その重さの差（すなわち、にげ出した空気の目方）から、空気の比重を計算しました。円筒の容積の$\frac{3}{4}$にあたる水の目方をWとし、$\frac{3}{4}$の空気を出したときに減少した円筒の目方をaとすれば、空気の比重は$\frac{a}{W}$で求めることができます。

ガリレイは、この測定によって、空気が、水の、およそ、四百分の一の重さをもっていることを知りました。もっとも、いまでは、その後の、もっと精密な測定により、空気の重さは水に比べて七七三分の一ということになっています。いいかえれば、水の一立方センチの重さを（セ氏四度で）一グラムとすれば、空気の重さは、セ氏零度、一気圧の下で〇・〇〇一二九グラムにすぎないということです。（気圧については、のちに説明しましょう）

さて、ここまでに、私たちは、ガリレイからなにを学んだでしょう。まず、ガリレイが、いままで、数千年間にわたって、空気は重さのない、なにか、たましいのようなものだと人々によって信ぜられていたことに対して、うたがいをもったことです。そうして、そのうたがいをあきらかにするために、自分で測定をして、その真否をためしたことです。そうして、彼ははかりをつかって、空気に重さのあることを実証しました。

このガリレイのような心がまえを、私たちは「科学的精神」とよびます。いいかえれば、科学的精神というのは、自分のなっとくできないことは、それが、どんなにえらい人がいったことでも、また、たとえ、千人、万人が昔から信じていることでも、あるいは、それに反対したために、牢屋に入れられようとも、自分で、目方をはかり、時計で測定し、そのうえで考えて、たしかに、自分の考えが正しいと実証したことを、なによりもたいせつにすることであります。この精神によって、コペルニクスや、ガリレイは数千年の間、世の中のすべての人々が、まちがって考えていたことを正し、地球は太陽のまわりをまわり、空気には重さがあるということを、私たちに、はじめて、教えてくれたのです。それゆえ、私たちは、ガリレイにたいし、彼を、「科学の父」として、いまにいたるまで大きい尊敬をささげているのです。それまでは、空気には測定などということは、ぜんぜん、しないで、ただ、ぼんやり、あたまの中で、空気には目方がないとか、人間は神さまのつくったものだから、この地球が、宇宙の中心のはずだ、などと、いいかげんに考えて信じさせられていたにすぎなかったのです。

みなさん、こういうことは、昔のことで、いまは、そんなことはない、などと考えてはなりません。いつの時代にも、このような不合理なことが、多くの人々によって、しかも、えらいといわれる人から教えこまれ、信じられているのです。私たちは、ガリレイや、コペルニクスのこの不屈の精神をうけついで、このような不合理なことにたいし、あくまでたたかい、なによりも、正しいことを人々につたえる人にならなければなりません。

空気。いままで、ものではなくたましいの一種と考えられていた空気にも目方がある。私たちは、空気が、目に見えないけれども、私たちの目のまえにあり、手でもつことのできる他のすべてのものとひとしく、一つのものであることをガリレイから学びました。

3　私たちをつつむ大気——その重さ

ガリレイは一六四二年に七十八歳の高齢をもって、不遇のうちに死にました。

ガリレイの下で、先生のかいたものを清書していたトリチェリー（一六〇八—四七年）という人が、ガリレイの見いだした、空気にも重さがあるという事実をさらに発展し、すばらしい発見をしました。

トリチェリーは、一方の端をふさいだ長いガラス管に水銀をみたし、それに、空気がはいらないように水銀だめの中に、開いている方の口をさかさまにつっこみました。その結果はどうなったでしょうか。水銀は少し下って、ほぼ、七六センチの高さでとまりました。

空気は、ぜんぜんはいらないようにしたのですから、水銀の上には、空気はな

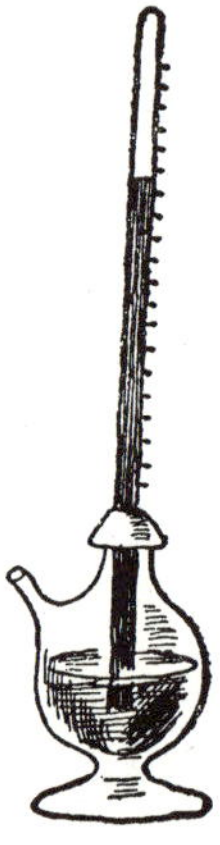

初期の水銀気圧計

いはずです。しかも、水銀柱は、七六センチの高さのままにとどまっています。これはなぜでしょうか。

トリチェリーは、これを、大気の重さ、すなわち、地球のまわりにある空気の全体の層の重さによって、水銀がおし上げられているのであると説明しました。

そのガラス管の断面を一平方センチだとしますと、水銀の比重、一三・六と水銀柱の高さ七六センチの積、一・〇三三キログラムの力で、水銀をおし上げていることになります。トリチェリーの考えにしたがえば、大気の重さすなわち、気圧は一平方センチあたりほぼ一・〇三キログラムとなります。

いままで、私たちは、空気を、たましい——そんなものがあるか、ないかはべつとして、そのような、重さもなにもないものと考えていたのですが、ガリレイによって、それが軽いには軽いけれども、とにかく水の七七三分の一の比重をもつものであることを示されました。そのことでさえ、一つのおどろきであるのに、さらにトリチェリーによって、私たちの頭の上にあるこのように軽い空気全体の重さが、つみかさなって一平方センチにつき、一・〇三キログラムにもたっするということを聞かされて、ふしぎに思わないわけにはいきません。もちろん、その当時の人々が、これを無条件に信ずるわけはありませんでした。

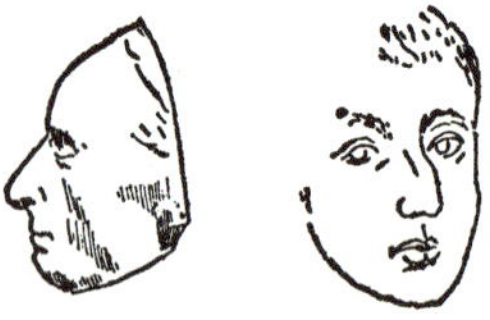

パスカルの少年時代と死顔
（1623—1662）

もし、このトリチェリーの考えが正しければ、高い山にのぼって同じ実験をくりかえしてみれば、高くいくほど空気の厚さがへりますから、とうぜん水銀柱の高さも、へるはずであります。このような実験をしたのは、フランスのブレーズ・パスカルでした。

パスカルは、義兄のペリエという人にその実験をたのみ、このことを実際に証明しました。

パスカルは一六二三年にフランスのクレルモンに生まれました。母はパスカルが三歳のときになくなりましたが、父はパスカルをたいせつにそだて、学校にも送らないで、自分で教育しました。パスカルは、幼いときから、あきらかに真と思われることにしか、なっとくしないで、人々が十分説明してくれないときには、自分でしらべないではおさまりませんでした。

パスカルの父は、まず、パスカルにギリシア語やラテン語を勉強させようと思ったので、数学の勉強はあとまわし、というより、むしろ禁止していましたが、パスカルは、数学に興味をもち、父にせがんで、数学とはどんなものか、という話をほんのすこし聞きました。

それ以来、彼は自分の室《へや》にこもって、床の上にいろいろな図形をかき、一人で幾何学を研究しました。父が気のついたときには、パスカルは自分で一つずつ幾何学の定理をつくり「三角形の内角の和は二直角にひとしい」という定理にまで到達していました。

このありさまを見たパスカルの父のおどろきはどんなだったでしょう。これは、パスカルが、十二歳のときのことでした。

その後、彼は、数学と物理学に多くのすぐれた仕事をのこしましたが、晩年は、ほとんど病床にすごし、深いカトリックの信仰のうちに、一六六二年に死にました。彼ののかきのこした『パンセ』という書物は、フランス人のもっとも高貴な精神を示すものとして、世界中の人々に愛読されています。

さて、トリチェリーの実験とパスカルたちの測定によって、二つのたいせつなことがわかりました。その一つは、大気全体が、大きい重さをもって、私たちをおさえつけていること、その他の一つは、空気のない場所、すなわち、真空をつくることができるということです。

これまでは、「自然は真空をきらう」ということが、ギリシア時代以来長く信じられていて、ガリレイでさえ、このあやまった考えからぬけでることができませんでした。

すでに、このころには、井戸水などをポンプでくみ上げるのに、水面から約十メートル以上、水を吸い上げることはできないということがわかっていました。しかし、ガリレイにもその理由がはっきりしなかったということです。これもトリチェリーの実験によって、空気の圧力とつりあう水柱の高さは、一〇・三メートルであることから、この疑問を解決することができました。

井戸水は水面から10メートル以上は吸い上げられない。

4　ガス（気体）という考えと、その名のおこり

このようにガリレイによって、空気は、私たちが、目で見、手でさわることのできる他のすべてのものと、同じように重さをもっているということが示され、私たちには、それが、やはり一つの物質であることがわかりました。

私たちは、木や石のような、きまった形をもった、かたいものを「固体」とよび、水のように、ながれる性質をもち、それ自身は形をもたないが、一つの器の中に入れると、形のきまるものを「液体」とよぶように、この、新しい「もの」の一つになった空気とそれに似たものを「気体」とよぶ

ファン・ヘルモント
（1577－1644）

ことになりました。

このような「気体」という考えと、これに「ガス」という名をあたえたのは、オランダの貴族に生まれたファン・ヘルモントでした。

ファン・ヘルモントは、一五七七年に生まれ、一六四四年に死にました。彼は、前にのべたように、今では、私たちがだれでも、よく知っているような、水素、亜硫酸ガス、二酸化炭素などを、それまでは、空気と区別しないで、あつかっていたことに対し、これらにガス（気体）という共通の名をあたえ、ガスには、いろいろな種類のあることを、はじめて示しました。

ファン・ヘルモントは、とくに、いま、私たちが二酸化炭素（炭酸ガス）とよんでいるガスについて研究し、これが、石灰石に酸をそそぐとき、木をもやすとき、お酒のできるとき、あるいは鉱泉の中から生ずることをあきらかにしました。

ファン・ヘルモントの、この実験と考えにより、私たちは、いまや、空気は気体の一種にすぎないこと、気体には、固体や、液体のようにいろいろな種類があって、これらと同じように、すこしも神秘的なものではなく、同じような科学的方法によって、とりあつかうことのできる物質であることが、はっきりしたわけです。しかし、ファン・ヘルモントの考えも、急には人々の賛成をえることができないで、そののちも、ガスという名を用いないで、どの気体にたいしても、空気とよぶしきたりが、長くつづきました。

5　気体の体積は圧力で変わる

固体や、液体は、おさえつけても、ちょっと、見たところでは、体積は変わりませんが、気体はおさえると、たやすくちぢむ性質をもっていることが、まもなく人々に気づかれました。このおさえる力（圧力）と気体の体積の関係を実験でたしかめたのは、イギリスのロバート・ボイル（一六二七―九一年）です。

ボイルはU字に折りまげたガラス管の短いほうのはしをとじて、空気をとじこめ、長いほうのはしに水銀を入れました。水銀の柱の長さが、七六センチになったとき空気の体積は半分になりました。このとき、管の中の空気には、大気の圧力と、それにひとしい水銀柱の圧力、合計二気圧がはたらいています。つぎに水銀柱を七六センチの倍にしましたら、空気の体積は$\frac{1}{3}$になりました。いいかえると、空気の体積が圧力に逆比例することがわかりました。

このことは、そののち、フランスのマリオット（一六二〇―八四年）によって、ボイルとは独立にもっと完全に実証されました。空気の体積と圧力との関係は、空気ばかりでなく、他の気体に対しても共通なことがわかりました。それで、ボイルとマリオットの見いだしたこの関係は、いまでも、「ボイル－マリオットの法則」とよばれ、気体の性質についての基本的な法則の一つになっています。

　ロバート・ボイルのころまでの化学は、鉛のような安い金属から、金をとろうと試《こころ》みたり、不死の薬をつくりたいなどという目的をもった、いわゆる錬金術《れんきんじゅつ》でありましたが、ボイルは、化学が、いつまでもそのような単になにかの利を得ようとするものであってはならないことを説き、たしかな実験と観察のもといのうえに立って、物質の成分がなにであるかについて研究することが、世の中への最大の奉仕であると、説きました。そして、ニュートンなどのすぐれた人々とともに、ロンドンにロイヤル・ソサイティー（学士院）という会をつくって、イギリスの学問のいしずえをおいた人でした。

6　マグデブルグでの実験

トリチェリーによって、いわゆるトリチェリーの真空がつくられ、「自然は真空をきらう」という、すこしも根拠のない信念が打ちやぶられたのち、真空を、その他の方法でつくることが、くわだてられました。

オットー・フォン・ゲーリケ
（1602―1686）

このような目的のために、空気ポンプを完成したのは、ドイツのオットー・フォン・ゲーリケ（一六〇二―一八六年）でした。ゲーリケは直径一メートルばかりのじょうぶな銅のおわんの形をしたものを二つぴったりと合わせ、彼の発明したポンプで、その中の空気をぬきました。ところが、どうでしょう。この二つのおわんはかたく、くっついて、八頭ずつの馬が両方から引っぱって、やっと引きはなすことができたほどでした。この実験は、マグ

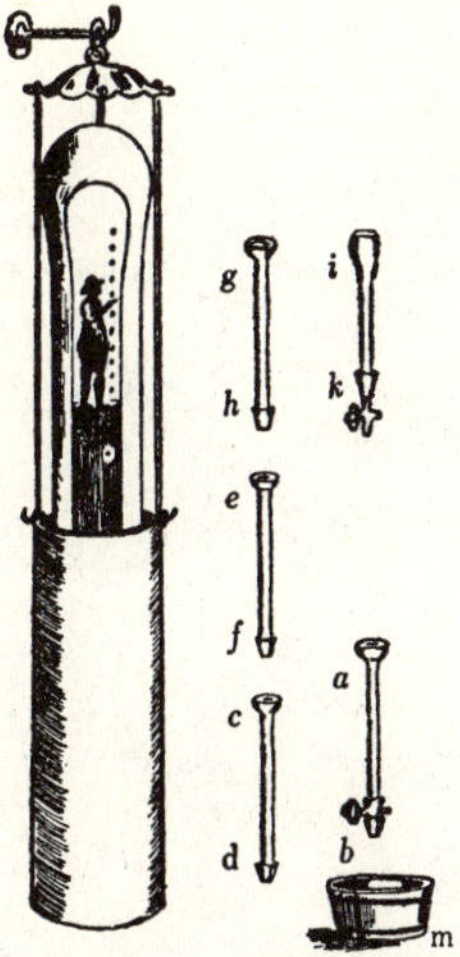

ゲーリケの水気圧計の部分品、左はその最上端で、人形を浮かせ気圧の変化によって人形が上がり下がりして、目盛りをさす。

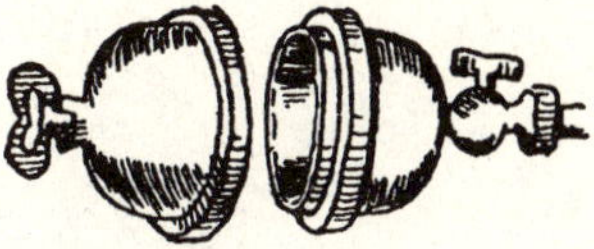

ゲーリケの半球

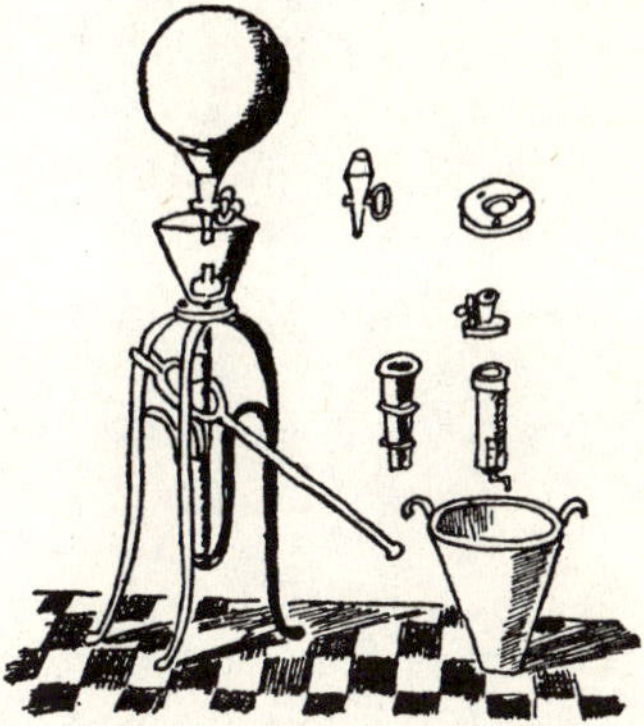

ゲーリケのつくった空気ポンプ。右手にあるのは部分品の図解。

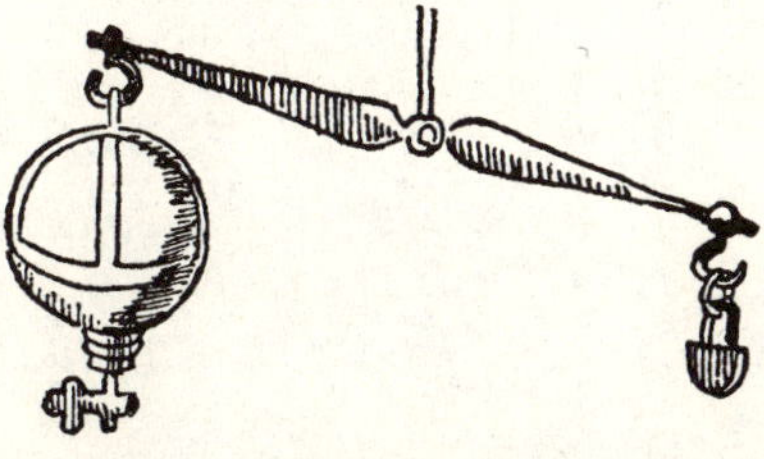

ゲーリケによる空気の比重の測定。左の球を真空にすると、右のおもりが下がる。

デブルグという町でおこなわれましたので、いまでも「マグデブルグの半球」の実験として有名です。

まのあたり、大気の圧力のいかに大きいかということを見た人々は、おどろきのあまり「太陽でさえ、世界がつくられて以来、こんなふしぎなことを見たことはないだろう」と感嘆したということです。

ゲーリケは、また、真空の中では、鈴が音を出さないことや、ろうそくのもえないこと、動物がその中で死んでしまうことなどを実験しました。ゲーリケのこの実験によって、音がつたわるためには、空気が必要であること、ものがもえるため、あるいは、動物が生命をたもつには空気が必要であることなどが証明されたわけです。また、ゲーリケは、空気のはいっている密閉したいれものの中では、ろうそくの火は、まもなく消えてしまうことも見いだしました。このように、ものがもえるということと、空気との間には密接な関係があることがしだいに明らかになって来ました。

7　もえることの意味

ジョーン・メイヨウ
(1643—1679)

ゲーリケは、真空の中ではろうそくがもえないことに気づきました。しかし、ろうそくの火がもえるほんとうの意味がわかるまでには、まだ、まだ多くの年月が必要でした。

火は空気と同じように、昔から一つのふしぎでありました。はじめて、もえるということの意味をたしかめようとした人々の中には、さきにのべたロバート・ボイルもいましたが、私たちは同じ時代にイギリスで医者をしていたジョーン・

メイヨウ（一六四三—七九年）のことをわすれてはなりません。

メイヨウは、そのころからつくられていた黒色火薬のもえることについて考えました。黒色火薬は、イオウと木炭の粉と硝石をまぜてつくります。黒色火薬を筒にいれて火をつけてから、筒を水の中に入れても、火薬は完全にもえます。すなわち、空気がなくても、水の中で火薬はもえます。また硝石がなくても、空気があればイオウや、炭を、もやすことができます。

メイヨウは、空気の中にも、硝石の中にも、炭やイオウをもやすに役だつ共通なにものかがあると考えました。これをメイヨウは「火の空気」とよびました。メイヨウの考えによれば、空気は、「火の空気」とそのほかの気体からできていて、燃焼や呼吸は「火の空気」によってたもたれるものと考えました。そうして、「火の空気」が用いつくされてしまうと、あとにのこった気体は、もはや、ものをもやす力がない、とメイヨウは考えたのです。

この考えは、正しいものでした。しかし、メイヨウは、密閉した空気の中で、ろうそくをもやすとき、「火の空気」がしだいについやされて、あとにのこる気体は、「火の空気」よりもずっと軽いものであると考えました。それは、いれものの上のほうにたまった気体の中では、ろうそくがもえなかったからです。このころは、まだ、気体を熱すると、ぼうちょうして、軽くなるということが十分にわかっていなかったために、この点で、メイヨウは、すこしばかりあやまちをおかしました。

しかし、とにかく、メイヨウが、空気や硝石の中に、ものをもやす力のある共通の成分がふくまれ、これがないと、燃焼や呼吸ができないということを見いだしたのは、すばらしい発見でした。もし、この考えが、さらにすぐ、だれかによって、正しくうけつがれていたら、空気の成分も、また、ものがもえるということの正しい意味も、ずっと早く、私たちにわかったはずです。

ところが、メイヨウの考えは、人々の注意をひかずそのまま、いつのまにか、忘れられてしまって、かえって、たいへんまちがった考えが世の中に行きわたってしまい、百年ものちになって、やっと彼の考えが、復活したのです。

正しい意見は、そのまますぐ正しいものとして世の中にうけいれられる、と私たちは考えがちです。しかし、実際はなかなかそうはいかないことは、ガリレイの場合を見ても、メイヨウの場合をみても、よくわかります。けれども、もし、ほんとうに正しいことなら、たとえ、あやまった考えが、どんなにはびこっていても、いつかは、正しいことのほうが勝ちを占めることは、うたがいのないことです。ただ、きのどくに思われるのは、正しいことをのべたために、苦しめられたり、世間から相手にされないで、死んで行ったこれらの人たちのことです。しかし、この人たちの精神が、人間全体を、正しい考えにみちびくために、いつかは生きてはたらく、ということを考えると、私たちには、よろこびと、同時に、大きい、はげましの与えられることを感ぜずにはいられません。

8　元素の考え

ロバート・ボイルは、まえにもいったように、化学が錬金術《れんきんじゅつ》のように、ただ、鉛を金にしたり、長生きの薬をつくることばかりに熱中しているのはあやまりで、まず、正しい実験と観察をしたうえで、一つの物質が、どういう成分からでき上がっているか、また、その物質はどういう性質をもっているか、などという理論をくみ立てることが化学の仕事であり、そのような努力そのものが、なによりも、人類への最大の奉仕であるといいました。これは、それまで、きょくたんにいえば山師のような仕事でさえあった錬金術に、科学的精神をふきこんで、化学を、ほんとうの自然科学にまで高めたことで、このボイルのことばと、彼がしめした手本は、私たちにとって忘れること

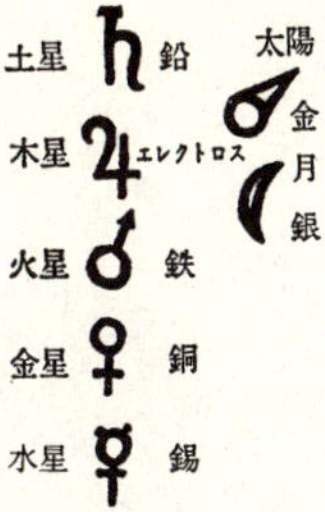

錬金術時代の物質の記号。エレクトロスは金と銀の合金。

ロバート・ボイル
(1627—1691)

のできないものです。

ボイルの、さらにもう一つの大きい功績は、元素という考えを、はじめて、私たちがいまもちいているような意味にまでみちびいたことです。

元素ということばは、すでに、古代のギリシアの哲学者たちによって用いられていました。しかし、彼らは元素ということばを、世界の本質という意味につかいました。たとえば、ターレス（紀元前六世紀前半）は「万物は水である」といいました。また、ヘラクレイトス（紀元前五五四年ごろ—四八四年ごろ）は「火はすべてのものの本質である」といいました。これらは、自然ばかりでなく、人間の世界をふくめた世界全体のありさまが、水や、火のように変転してきわまりのないものであることをいいあらわしたものということができます。このほかに、元素は、空気であるという考え、または、土であるという考えなどもありました。

とにかく、ギリシア人の考えた元素は、ことばは同じでも、私たちが、今、もちいている元素とはちがって、ずっとひろい、しかし、ずいぶん、あいまいな意味をもったものでありました。

さて、ボイルは、ギリシア時代から、もちいられていた元素ということばに、まったく、あたらしい意味をあたえました。それは、さきにのべた化学についてのボイルの考え、すなわち、実験をたいせつにするという考えから生まれたものであります。すなわち、一つの物質の成分を分析して、もはや、それ以上かんたんな成分に分けることができなくなったら、その成分を「元素」とよぶのであります。たとえば、真《しん》鍮《ちゅう》を分析すると、銅と亜鉛になりますが、銅や、亜鉛は、いままでに知られている方法では、それ以上、いくら分析しても、あたらしい成分にわけることはできません。このとき、私たちは銅と亜鉛をそれぞれ「元素」とよびます。

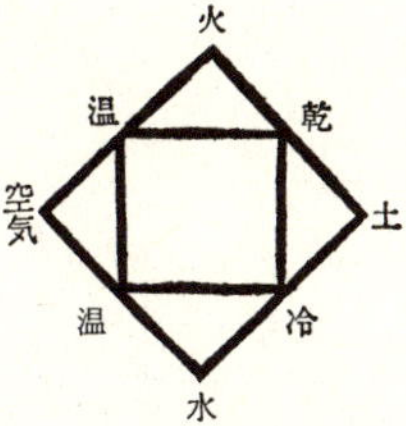

ギリシアの四元素と四性質。これらの組合わせで万物ができると考えた。

さて、空気は、ボイルのいうような意味の元素でしょうか。メイヨウは、空気はすくなくとも、「火の空気」と、そうでない別の気体からできているといいました。メイヨウのこの考えは正しかったのですが、それが、ほんとうに正しいと、わかるまでには、まだまだ、多くの年月を必要としました。私たちは、しばらく辛抱して、人々が、どんなまわりみちをして、正しい目的地にやっと、たどりつくかをみていきましょう。

9　大きなまちがい――フロギストン（燃素）の説

ボイルが、このように、「元素」の考えを確立し、メイヨウが、燃焼は、硝石や、空気の中にある「火の空気」によっておこるという正しい考えを出したにもかかわらず、そののちの化学は、どうしたことか、ふたたび、あやまった道に迷いこんでしまいました。ドイツのシュタール（一六六〇―一七三四年）は、ものが、もえるのは、そのものの中に、「もえる元素」があるからだと考えて、それをフロギストンと名づけました。これは「燃素」という意味です。そうして、もえるということは、そのものの中から、フロギストンが逃げ出すことだといいました。たとえば、石炭は、ほとんど完全にもえるから、フロギストンをいっぱいふくんでいるといい、亜鉛をもやすと、あとに白い亜鉛華がのこりますから、亜鉛は、フロギストンと亜鉛華からできているものだというのです。

このように「フロギストン」が、ボイルのいうような意味の元素と、まるでちがうことは、すぐわかるでしょう。ボイルは、実験によって、分析し、最後に、もはや分かつことのできないものを得たときに、これを元素となづけたのであって、ボイルの元素は目方をはかることができ、それぞれの元素の目方を加え合わせれば、もとの物質の目方になるべきものであります。

しかし、フロギストンは、もえる「元素」だとはいっても、その目方をはかったこともなければ、どんな物質であるかもわからないのです。つまり、もえるという現象をなんとかこじつけて説明するために、つくり上げた仮説にすぎませんでした。もちろん、どんな場合にあてはめても、少しもむじゅんなく説明しおおせることができれば、そのような仮説にも、存在の理由があるのですが、フロギストンの場合には、しだいにいろいろなむじゅんがでてきました。第一、亜鉛をもやして、亜鉛華をつくるときに、もし、目方をはかってみれば、はじめの亜鉛より、もえてできた亜鉛華の方が重くなっていることはすぐわかるのです。そのころの人でさえ、それに気づいた人もありましたが、どういうわけか、フロギストン説にうたがいをいだく人はありませんでした。

それというのも、シュタールは、プロシャの王さまの、おつきの医者をしていたほどの人で、大学者として、人々に尊敬されていたため、だれも、シュタールの説をあたまから信じこんでしまったのです。シュタールののちの学者も、シュタールのような大先生が考えた説だというので、そのままうのみにしてしまいました。

こうして、十八世紀には、ほとんど、フロギストン説が支配し、メイヨウの考えなどをかえりみる人は、だれ一人としてありませんでした。

えらい学者のいうことだから、まちがいはないだろう、とか、どの本にも書いてあるし、だれも、そういうのだから正しいだろう、という考えは、昔もいまもおなじことです。

しかし、みなさん。どんなりっぱな学者がいったことでも、多くの人が信じこんでいることにでも、自分になっとくのいかないことはないでしょうか。学問は、なっとくのいかないことを、そのまま、うのみにする人々の間では、けっして進歩しません。なっとくのいかないことは、どんなことでも、大きいうたがいをもって、それを、自分自身の力で解決しようとする人々によってのみ、学問は進み、多くの人々の考えを、正しい方向にみちびくことができるのです。

まちがった燃素の説が、長い間、人々を支配していたということは、私たちに、いろいろな教訓を与え、反省をうながすでしょう。

10 「固まる空気」――二酸化炭素（炭酸ガス）の発見

フロギストン（燃素）の説で、空気の本体についての研究は、だいぶ、とまどいをしてしまいましたが、ではそのあいだに、ぜんぜん進歩がなかったかというと、そういうわけでもありませんでした。

まず、イギリスのジョーセフ・ブラック（一七二八―九九年）は、石灰石に酸をそそぐか、これを焼くときに出てくる気体をしらべて、これが、ふつうの空気とまったくちがうものであることを見いだしました。彼はこの気体に、「固まる空気」という名まえをつけました。これは、いまのことばでいえば、二酸化炭素（炭酸ガス）のことです。

このガスについては、すでに、ファン・ヘルモントが研究したことは、まえにものべたとおりですが、ブラックは、はかりを用いて、石灰石を焼いたときにあとにのこる生石灰の目方をはかり、そのときできた「固まる空気」の目方をはかって、加え合せるともとの石灰石の目方にひとしくなることを見いだしました。この実験によって、ブラックは、石灰石が、生石灰と「固まる空気」のいっしょになったもの、すなわち、いまのことばでいえば、化合したものだと考えました。ブラックは、さらにふつうの空気の中にも、二酸化炭素のわずかに存在することをたしかめました。石灰水（生石灰または石灰を水にとかしたもの）を、ほうっておくと、液の表面に白い膜ができます。その白い物質をとって、酸を加えると、「固まる空気」すなわち、二酸化炭素が出てくることがわかったからです。この二酸化炭素は、いうまでもなく、空気の中からはいったもので、このときできた白い膜は石灰石と同じものだと考えられます。

ジョーセフ・ブラック
(1728—1799)

こうして、空気の中に、二酸化炭素のあることが、まず、ブラックによって発見されました。石灰石の成分は、貝がらなどと同じ炭酸カルシウムで、大理石なども、その一種です。君たちも、貝がらに、酢をそそいで熱するとき二酸化炭素の出てくることを、自分でためしてみることができるでしょう。

ブラックが二酸化炭素にあたえた「固まる空気」という名まえは、この気体が、石灰石などのなかにはいって固まっていると考えたからです。

あとで、もっとくわしくのべるつもりですが、空気の中の二酸化炭素の量は、たいへん少なく、容積にしてわずか、〇・〇三％しかふくまれていません。このわずかしかない二酸化炭素が、空気中で最初に発見された気体であったということは、考えてみればおかしい話です。

11 「毒のある空気」——窒素の発見

ブラックが、空気の中に二酸化炭素（炭酸ガス）を発見したのち、ブラックのもとでまなんでいたダニエル・ラザフォード（一七四九―一八一九年）が、空気の中に、窒素のあることを発見しました。

ダニエル・ラザフォード
(1749—1819)

ラザフォードは、空気の中で、炭や、ろうそくなどをもやし、このときできる「固まる空気」（二酸化炭素）を石灰水に吸わせたあとにも、なお一種の気体ののこることに気づきました。そして、この気体に「毒のある空気」という名まえをつけました。（一七七二年）

ラザフォードの「毒のある空気」は、い

まの窒素のことで、彼は、この気体の中では、二酸化炭素の中におけるとおなじように、ろうそくなどを、もやすことができないことをみました。

そのころは、まだ、フロギストン（燃素）の説が信じられていたので、ラザフォードが、彼のいわゆる「毒のある空気」を、燃素と空気とのむすびついたものであると考えたことは、いまからみると、まちがった考えでした。

12 「フロギストンのない空気」——酸素の発見

こうして、空気の中に、二酸化炭素（炭酸ガス）と、窒素のあることがわかりました。しかし、空気の中で、いちばん、たいせつな成分、すなわち、酸素はまだ、だれにも知られないままにのこされていたわけです。

酸素の発見。この大きい仕事は、メイヨウ、ブラック、ラザフォードなどとおなじ、イギリス人で、ジョーセフ・プリーストリという人によってなしとげられました。

プリーストリは一七三三年に、仕立屋の子供として生まれました。そのころは、イギリスでは、イングランド教会が力をしめていました。プリーストリの家は、宗旨がちがって、同じキリスト教

ベンジャミン・フランクリン
（1706—1790）

実験室のプリーストリ
（1733—1804）

でも、イングランド教会の教えはあやまりであると主張するプロテスタント教派にぞくしていたため、大学にも入れてもらえませんでした。しかたがないのでプロテスタントの教派の神学校にはいって、牧師になりました。

三十四、五歳のときに、ロンドンで、そのころアメリカからイギリスに帰っていた、ベンジャミン・フランクリンと友だちになりました。ベンジャミン・フランクリンはアメリカ独立のためにつくしたえらい政治家のひとりであり、また彼が雷は電気によっておこる現象であることを発見したことで、きみたちも、たぶん、この人の名まえをよく知っているでしょう。プリーストリは、フランクリンの紹介で、ロイヤル・ソサイティーの会員となり、はじめは、電気について研究をしていました。

そののち、気体の研究をはじめ、はじめは、「固まる空気」すなわち、二酸化炭素についてしらべました。彼は二酸化炭素が水にとけやすく、二酸化炭素をとかした水が、たいへん、いい味をもっていて、薬になることを発見しました。これが、きみたちも大好きな、ソーダ水のはじめです。こうして、プリーストリは、いろいろな気体を研究しているうちに、水銀を焼いてできる赤い物質（いまのことばでいえば、赤い酸化水銀）にレンズで太陽の熱をあつめて熱したとき、一種の気体がでてくることを見いだしました。プリーストリは、これをはじめは、ふつうの空気だろうと考えていましたが、おどろいたことには、その中にろうそくを入れると、まばゆいばかり、明るい光を出してろうそくがもえはじめました。この気体はいったい、なんだろう、と考えて、プリーストリはとほうにくれました。そして、これを「フロギストンのない空気」とよびました。すなわち、この「空気」の中には、フロギストンがないため、フロギストンをふくむものから、フロギストンをうばい去り、その中で、燃焼がさかんにおこるのだろう、と考えたのです。この「フロギストンのない空気」とプリースト

プリーストリが水銀を焼くために用いたレンズ。右手は水銀の容器。

リが名づけた気体こそ、「酸素」でありました。

プリーストリは、さらに、この気体をいれたいれものの中にねずみを入れると、おなじ量の空気の中におくより、ずっと長く生きることを実験しました。プリーストリは、私たちをとりまく空気は、「フロギストンのない空気」(酸素)と、ラザフォードのいわゆるフロギストンをたくさんもっている「毒のある空気」(窒素)からできていると考えました。

プリーストリは、フランクリンらとつきあっていたため、イギリス人でありながらアメリカの独立(一七七六年)をよろこび、そのために、世間の人からは、つまはじきされました。彼はそののち、蒸気機関を発明したジェームス・ウォットなどがつくっていた「月の会」に参加しました。「月の会」では、毎月、満月のころに会を開き、あたらしい考えをもった人々があつまり、おたがいに研究を報告しあったりしました。ところで、一七八九年に、フランスに革命がおき、貴族による専制政治がひっくりかえったとき、イギリスでも、これに賛成する人々と、反対する人々でたいへんなさわぎになりました。プリーストリは、貴族や、イングランド教会のお坊さんたちによって、イギリスの政治がかってにされることを、にくんでいたので、フランス革命をほめたたえました。「月の会」の会員も、プリーストリとおなじ考えでした。

一七九一年の、フランス革命の二周年にあたって、「月の会」の会員たちは、そのお祝いの会をひらきました。このとき、王さまや、坊さんたちの勢力にそそのかされたおろかな群集が、このお祝いの会場をおそって、火をはなち、つづいて、ウォットや、プリーストリをおそいました。プリーストリは、自分の教会をこわされ、自分の家もやかれて、たいせつな実験の道具も、ノートも、すっかり失ってしまいました。プリーストリは、身をもって、難をのがれ、アメリカにわたり、十年ばかりのち、一八〇四年に、アメリカで死にました。

おろかものたちにおそわれたとき、プリーストリとともにいあわせた、マルタという女の人が、このときのプリーストリのことを、こう書いています。「プリーストリは、たいせつな実験の道具をこわされる音を、屈するいろもなく聞いていました。あわてたり、いらいらしたことばは一言もださず、すこしも、不平や、苦痛のかおつきを、見せませんでした。泣きがお一つせず、ため息一つもらしませんでした。――どんな人でも、これほどの試練の中に、彼ほど神々しく見えたことはないだろうとおもいます」

13　酸素のもう一人の発見者――シェーレ

プリーストリとおなじころ、スウェーデンで薬剤師をしていた、カール・ウィルヘルム・シェーレ（一七四二―一八六年）は、プリーストリとは、まったく独立に、酸素を発見しました。

シェーレは、いま、私たちが、化学の実験のとき、酸素をつくるのと、まったくおなじ方法で、酸素をつくりました。すなわち、二酸化マンガンに濃硫酸をくわえて熱する方法です。シェーレは、このとき出てくる気体にメイヨウとおなじように「火の空気」という名まえをつけました。

カール・ウィルヘルム・シェーレ
（1742―1786）

シェーレの発見は、プリーストリよりも、かえって早かったのですが、印刷がおくれたためと、そのころのスウェーデンは、ヨーロッパの片田舎で、イギリスや、フランスとの交通がさかんでなかったために、シェーレも、プリーストリもおたがいに知りあう機会がありませんでした。

シェーレはプリーストリのおこなったように赤色の酸化水銀を焼いて酸素をとる方法も発見していましたし、プリーストリは硝石を熱するとき、酸素がでることも知っていました。

このようにして、いまや、私たちは、酸素を、純粋にとらえることができ、それが、ものをもやすのにやくだつことを知ったのですが、ざんねんなことに、プリーストリも、シェーレも、まだフロギストンの説から、ぬけることができなかったので、もののもえるほんとうの意味を発見するまでにはいたりませんでした。

しかし、この二人によって、もののもえることの正しい意味を、私たちが知るための準備は、すっかりととのったわけなのです。二人とも、フロギストンの説を、あれほどまでに信じながら、自分たちの仕事が、じつはその説を終わりにみちびくのにいちばん、力のあるものであったことには、少しも気づきませんでした。

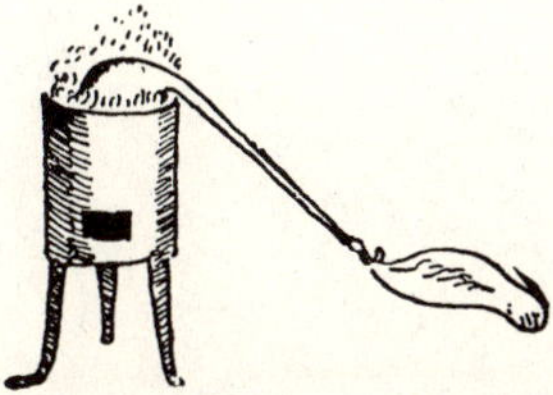

シェーレの用いた酸素発生の装置

この最後のたいせつな一歩は、フランスのラヴォアジェによって、ふみこえられました。そして、百年ものあいだ、化学者をあやまった考えにみちびいていた燃素はラヴォアジェによって、永久に、その存在を否定されることになりました。

14　化学の父、ラヴォアジェ

　アントアヌ・ローラン・ラヴォアジェは一七四三年にパリで生まれました。父はパリ裁判所の検事でした。母は、アントアヌが五歳のときになくなり、そののちは、母方のお祖母《ばあ》さんと、叔母《おば》さんの手で育てられました。子どものころのラヴォアジェは、心やさしく、勉強には人一倍熱心で、お父さん、お祖母さん、叔母さんの三人にとっては、アントアヌが、なによりの生《い》き甲斐《がい》でした。

　二十歳のときには、夜のパリの町をあかるくてらすためには、どんなランプをつかったらよ

ラヴォアジェが20歳の時に考案したランプ

アントアヌ・ラヴォアジェ
（1743—1794）

いか、という政府の懸賞に、一等で当選しました。彼は法科大学を出たのち、税金を集める組合の役員となり、その収入で、自分の好きな、いろいろな実験をしました。

ラヴォアジェは、密閉した器の中に、一一五グラムの水銀と一・四リットルの空気を入れ、水銀を十二日のあいだ熱しました。数日のうちに、水銀の表面には、しだいに赤い斑《はん》点《てん》ができ、五日ほどしたら、水銀の表面にいちめんにひろがりました。十二日めに、火を消し、もとの温度と圧力にして、空気の容積をはかったところ、実験をはじめるまえより、ほぼ$\frac{1}{6}$だけ容積がへっていることがわかりました。のこった空気の中では、ろうそくはもえず、その中に動物を入れると、またたくまに死んでしまいました。

水銀の表面にできた、赤いものを注意ぶかく、あつめて、その目方をはかったところ、二・七グラムになりました。この赤い物質を、空気にふれさせないで熱してみたら、気体が出てきましたので、その気体をあつめ、容積をはかったところ、ちょうど、はじめ用いた空気の$\frac{1}{6}$の容積だけありました。この気体は、プリーストリや、シェーレの発見したものとおなじで、ラヴォアジェは、これに「酸素」と名まえをつけました。これは、この元素が、いろいろな酸の中にふくまれているためです。赤い物質から、酸素の出たあとには、水銀がのこり、その目方は二・五グラムでした。

このようにして得た酸素を、のこった気体（窒素）にまぜてみましたら、はじめの空気とまったくおなじものができました。

こうして、水銀をやくと、空気中の酸素と水銀とが化合して赤い酸化水銀ができることが、はっきりわかりました。

つぎに、ラヴォアジェは酸化水銀に炭をくわえて空気にふれさせないで熱してみました。このときは、酸素ができないで「固まる空気」すなわち、二酸化炭素を生じました。そこで、ラヴォアジェは、「固まる空気」は、炭素と酸素の化合したものであると結論しました。したがって、炭をもやすときにできる気体は、いままで考えていたように、フロギストンと空気のむすびついたものでもなく、炭の中にはフロギストンがいっぱいつまっているために、もえやすいのでもなく、炭と空気中の酸素が化合する

ラヴォアジェが水銀を焼くのに用いた装置、左はこんろ、右は水銀だめ。

ときに、もえるのであることがわかりました。

ラヴォアジェの実験の方法の特長は、すべての量をはっきりと測定することでした。空気の体積をはかり、その温度と、圧力をはかります。水銀の目方をはかり、それからできた赤色の酸化物の目方もはかります。

このような定量的方法を、化学の中にみちびいたために、ラヴォアジェの出した結論には、すこしもあいまいなことがありませんでした。いままでは、水銀を焼くと赤いものができる、とか、これを熱して出る気体の中でろうそくがあかるくもえるというようなことを見るだけで、すこしも、はっきりした測定をしないで、ただ、見かけの観察だけにとどまっていました。このため一つのことがらにも、いくらでもかってな解釈ができるのでした。

化学の中に、はじめて、はっきりした定量的な研究方法をみちびき、化学を物理学とおなじ精密な科学にまでたかめたことは、ラヴォアジェの大きい功績であり、それゆえ、ラヴォアジェは、いまにいたるまで「化学の父」として尊敬されているのです。

ラヴォアジェはさらに私たちが呼吸をするときに、二酸化炭素をはきだすことについてしらべ、これは、私たちのからだの中にある炭素と、空気の中の酸素がむすびついたもので、ろうそくがもえるとき熱がでるのとおなじように、からだの中の炭素と、すいこんだ酸素の化合するときの熱によって、私たちのからだの体温がたもたれることを、実験によって証明しました。

ラヴォアジェは、また、すべての物質は、他のものと化合したり、分解したりして、形をかえるが、それは一つの物質が、ぜんぜん失われたり、また、なにもないところからあたらしくできたりするものではないことを、はじめて明らかにしました。たとえば、空気中の酸素は水銀と化合して、赤色の酸化水銀になり空気の容積はへりますが、酸素そのものは、なくなったわけでなく、空気から酸化水銀の中にうつっただけなのです。その証拠には、空気のないところで酸化水銀を熱すると、ふたたび、空気からうしなわれただけの酸素が出てきます。このようなことは、ラヴォアジェによって、すべて測定の結果、うたがう余地のないほどはっきり証明されたのでありました。ラヴォアジェは、こうして、まえにのべたボイルの元素の考えを、ふたたび、はっきりと、私たちにみとめさせたのです。

気体の中でもいちばん軽い水素は、すでに、イギリスのキャヴェンディッシュ（一七三一―一八一〇年）によってみいだされ、水素をもやすとき水滴ができることが発見されていましたが、ラヴォアジェは、水素を酸素の中でもやすと水ができるキャヴェンディッシュの実験をくりかえし、その化合の割合は、酸素の容積の一〇〇に対し、水素の容積は二〇〇であることを測定しました。

つぎに、水蒸気を、あかく熱した鉄の上に通したところ、鉄は酸化鉄にかわり、あとに水素がのこることも発見し、こうして、水は水素の酸化物であるという、ひじょうにたいせつなことをたしかめたのでした。

ラヴォアジェが、のこした仕事は、まだたくさんありますが、私たちが、ここでまなんだことだけでも、彼が、いかにすばらしい化学者であったかを知るには十分でありましょう。

この、偉大なラヴォアジェの最後は、また、なんというきのどくなことだったでしょう。

私たちは、いままで、ガリレイや、プリーストリなどが、世の中の人に迫害されて、きのどくな生涯をおわったことをみてきましたが、ラヴォアジェの死は、それにもまして、いたましいものでした。

一七八九年にフランスに革命がおこって、王さまや、坊さんによって、世の中がかってに支配されたような政治がうちたおされました。ラヴォアジェは、それまで、税金をとりたてる組合の役員をしていたために、民衆の怒りを買ってとらわれ、とうとう、一七九四年の五月八日に、ギロチンによって、首をおとされてしまいました。ラヴォアジェが、税金をとりたてる組合の役員をしていたのは、自分の生活のためばかりでなく、その収入で、化学の実験をしたかったためであって、彼は、けっきょく、そのために命をおとすような羽目においやられたのです。

フランス革命が、専制政治を打ちやぶり、アメリカの独立戦争とともに民主的な政治のさきがけになったことは、歴史の示すところです。しかし、その革命がラヴォアジェをころしてしまったということは、なんといってもフランス革命の一つの大きいあやまちであったといわなければならないでしょう。

ラグランジュという、ラヴォアジェの友人でそのころの有名な数学者は、ラヴォアジェの死をなげいて、「彼の首をおとすには一しゅん間でたりたが、百年かかっても、こんな頭はまたと生まれないだろう」といいました。

ラヴォアジェはおなじ囚人の中に、苦しみと、おそれにたえかねて、自殺をくわだてた人たちをいさめ「私たちのあとにしたがう人たちに、一つだって、みにくい例をのこさぬようにしよう」といって、自分の悲しい運命をしずかにみつめる気もちで、ギロチン台の上に立ちました。これは彼が、五十一歳のときのことでした。しかし、ラヴォアジェにとって、なにより心のこりだったのは、彼ののこした説が、多くの学者によって、ほんとうに理解されないうちに死ぬことだったでしょう。じっさい、ラヴォアジェの考えは、彼が死んだのちに、はじめて、すばらしいものであることがわかってきたのでした。

15 人ぎらいのキャヴェンディッシュ

このようにして、空気のおもな成分は、窒素と酸素であることが、しだいに明らかになってきました。では、空気の中で酸素と窒素はどんな割合で存在しているのでしょうか。

ラヴォアジェはまえにのべたように、酸素と窒素の容積の割合が一と六の比であることを実験によってもとめました。

おなじころに、イギリスのヘンリー・キャヴェンディッシュは、いろいろなところの空気から炭酸ガスをのぞき、のこりの空気の分析をおこなって、つぎのような値をだしました。

窒素　七九・一六%
酸素　二〇・八四%

これを、現在のもっとも信頼のできる値、

＊窒素　七九・〇五％（＊この中には、のちにのべるアルゴンや二酸化炭素（炭酸ガス）の値もふくまれています。〈一〇三ページ〉）

酸素　二〇・九五％

人ぎらいのキャヴェンディッシュ
（1731―1810）

にくらべると、じつによく一致していることがわかります。

もっとも、キャヴェンディッシュは、まだフロギストンの説を信じていたので、酸素のことは、プリーストリとおなじように「フロギストンのない空気」とよび、窒素のことは「フロギストン化された空気」とよんでいました。

ヘンリー・キャヴェンディッシュは、一七三一年にイギリスの大貴族のうちに生まれました。彼は、たいへんな人ぎらいで、一生の間、ほとんど、したしい人もなく、こっそり一人でいろいろな研究をしていました。

あるフランスの人は、「キャヴェンディッシュは、すべての学者の中で、いちばんの金もちであったが、また、すべての金もちの中ではいちばんの学者だった」といいました。キャヴェンディッシュは、自分の財産や、みんなのよろこぶたのしみなどには、すこしも興味がなく、物理や、化学の研究をすることだけが、ただ一つのたのしみで、人とつきあうこともしませんでした。たいていの国では、貴族や、大金もちは、それだけで、みんながちやほやし、自分でも、実力がなくとも、えらいような気もちになって、政治家や、軍人になって人々からかっさいされたり、また、一生をつまらないたのしみにふけって、おくってしまうものですが、イギリスでは、むかしから、貴族や、金もちでも、学問に精進する気風がありました。それは、イギリスでは、その人自身が学問を身につけていなければ、生まれがいくらよくても、また、いくら財産をもっていても、それだけでは人々が相手にしてくれないからでした。ほんとうに、才能のある人は、政治のように、一時は、いかにもはなばなしい仕事よりは、いつまでもねうちのある科学や、文学の研究などにたずさわるのでした。

こうして、キャヴェンディッシュは、一人ぼっちで、研究をつづけました。

きみたちも、知っているように、鉄や、亜鉛に、酸をそそぐと、気体が出てきます。

この気体はひじょうにかるく、ゴム風船の中につめると、ゴム風船は、かるがると空にまい上がります。この気体は、いまでは水素とよばれています。キャヴェンディッシュは、水素について研究をし、それが、空気中でもえやすいことから、「もえやすい空気」とよびました。そうして、この気体と、「フロギストンなしの空気」すなわち、酸素とがむすびつくと、水ができることを発見しました。キャヴェンディッシュは、また、水素の比重が空気にくらべて、$\frac{10}{108}$しかないことを測定しました。いまではこの値は$\frac{10}{144}$とされています。

キャヴェンディッシュの人ぎらいは、まったく、てっていしていました。一八一〇年の二月に、八十歳の高齢で、病気のために死にそうになった彼は、とうとう、召使いをよせつけず、ただ一人でしずかに永遠の眠りにつきました。

キャヴェンディッシュの一生は、たしかに、さびしい一生でしたが、しかし、また、だれよりも、一生をたのしんだ人ともいえるでしょう。

イギリスのケンブリッジ大学には、いまでも、キャヴェンディッシュ研究所という、りっぱな研究所があって、この孤独で人ぎらいだった大学者のあとをしのぶことができます。

16　物質の目方は失われない

ラヴォアジェのおこなった実験によって、たとえば、水銀と酸素とが化合して、赤色の酸化水銀になると、水銀も、酸素も、姿をけしますが、できた酸化水銀の目方は、なくなった酸素と、水銀の目方の和にひとしいことがわかります。

このように、物質は、たがいにくっついたり（化合）、その反対に、二つ以上の物質にわかれたり（分解）しますが、そのまえとあとの目方にはいつでもかわりはありません。これはラヴォアジェの発見した偉大な法則の一つで「質量不変の法則」とよばれています。これは、そののち、多くの学者によって、測定がくりかえされ、どんな精密な天秤《てんびん》ではかっても、ある二つ以上の物質が、化合するまえとあとで、目方に差のあることをみいだすことができませんでした。

ラヴォアジェが、物質が化合したり、分解したりする前後の目方をはかってみるまでは、これは、人々の思いもよらないことでした。たとえばそれまでは、炭をもやしてしまえば、炭はなくなったと思っていたのですが、ラヴォアジェは、なくなった炭の目方は、そのときできた二酸化炭素の中にたもたれていて、じっさいにはすこしもなくなるものがないことを示しました。

17　物質のもとになるもの――元素

さて、話を少しまえにもどしましょう。私たちは、ロバート・ボイルによって、「元素」の考えをまなびました。ボイルは、私たちが知っている、どんな方法をもちいても、それ以上、他の物質に分解できないような物質を、元素とよびました。

むかしは、まえにもいったように水を一つの元素として考えていました。しかし、私たちは、水が、水素と酸素のむすびつき合ったものであることを学びました。したがって、水はボイルの考えにしたがえば、もはや元素ではありません。空気も、窒素と酸素およびわずかの二酸化炭素からできています。ですから、これも元素ではありません。

こうして、ラヴォアジェのころまでに、元素としてみとめられたものには、酸素、窒素、水素などの気体をはじめ、イオウ、リン、炭素、アンチモン、銀、鉄、銅、ニッケル、コバルト、金、亜鉛、白金、水銀などの約三十種類のものがありました。現在では九十＊数種類の元素が発見されていて、この世のすべてのものはこの九十数種の元素がそのままの形で、あるいはおたがいに化合してできたものと考えられています。

私たちをとりまく、千変万化の物質が、わずか九十いくつかの元素からできている、ということは、考えてみればじつにおどろくべきことがらです。しかし一方、もし、すべての物質が、それぞれちがった元素からできているとしたら、元素の数は、千にも、万にもなって、私たちは、物質について一つ一つ研究してみたいという意欲を失ってしまうでしょう。いいかえれば、物質の世界にすこしも、かんたんな規則がないとしたら、私たちは、はじめからがっかりしてしまって、もはや、化学をまなんでみたいという気はおきないでしょう。けれども、この世界が、わずか九十いくつかの元素でできていて、物質の世界には、きちんとした秩序と、規則（すなわち法則）がはたらいていることを知ったら、私たちは、物質の世界に大きい興味をいだいて、これを研究してみたいと思うでしょう。

実際、自然は、これをきわめればきわめるほど、その中に単純な法則がはたらいていることがわかります。その法則をもとめて研究する科学者のたのしみは、どんなおもしろいお伽話《とぎばなし》をよむより、なお、すばらしく、大きいものだということができます。

＊一九八二年には元素の総数は人工のものも加えて一〇九になった。

18　化合物とはなにか

さて、これらの九十いくつの元素から、どうして、数えきれないほどの物質ができるのでしょうか。

私たちは、すでに、水は水素と酸素とが、むすびついたものであることを学びました。いいかえると、水は、水素と酸素の二つの「元素」からできた「化合物」であります。このように、ちょうど、アイウエオの五十の文字、あるいは、a・b・cの二十六文字を、いろいろ組み合わせて、数かぎりのないことばができるように、元素は、おたがいにむすび合って、ひじょうにたくさんの化合物をつくります。

二酸化炭素（炭酸ガス）は炭素と酸素から、メタンガス（沼や、どぶの底からブクブク出てくるガス）は、炭素と水素から、硝酸は、窒素と水素と酸素から、洗濯ソーダは、炭素と酸素とナトリウムからできます。

ここで、私たちの知りたいことは、これらの多くの化合物ができるとき、それぞれの元素の目方の割合はどうなっているか、ということです。このたいせつな問題について、はっきりした答えをあたえたのは、フランスのルイ・プルースト（一七五四―一八二六年）でした。

プルーストは、いろいろな方法でつくった塩化アンモニウム（塩酸の上に、アンモニアでぬらしたガラス棒をちかづけると、白い煙が出ます。この白い煙が塩化アンモニウムで、塩素と窒素と水素からできた化合物です）をくわしく分析しました。分析というのは、化合物がどんな元素からできているかを知り、つぎにそれぞれの元素がどんな目方の割合でむすびついているかを知ることです。分析の結果、プルーストは、どんな方法でつくった塩化アンモニウムでも、その中にふくまれている塩素と窒素と水素の目方の割合はいつでも、一定であることを見いだしました。

アンモニアをガラス棒の先につけて、塩酸の上にかざすと白い煙が出る。

塩化アンモニウムばかりでなく、そのほかの多くの化合物を分析した結果は、その中の元素の目方の割合はいつでも一定であることが、わかりました。

たとえば、水は、水素一グラムに対し、酸素八グラムの割合でむすびつき、九グラムの水ができます。二酸化炭素は、炭素一グラムに対し、酸素二・六七グラムの割合でむすびつきます。はんたいに、どんなところでできた水でも、その中にふくまれている水素と酸素の目方の割合はいつでも一と八の比になっています。

プルーストは、化合物とよばれるものは、すべて、元素が一定の目方の割合でむすびあったものであるといいました。

こうして、私たちをとりまいている、数かぎりのない物質が、すべて、九十いくつかの元素からできていること、しかも、それぞれの元素はいつでも、一定の割合でむすびついているということがわかったのでした。

19　空気は化合物でしょうか

私たちは、プルーストによって、化合物は、いつでも、きまった割合の元素からでき上がっていることをまなびました。

では、空気は、いったい、化合物でしょうか。

私たちは、キャヴェンディッシュが、空気の中の酸素と窒素の割合をしらべて、窒素七九％に対して、酸素は二一％で、どこの空気でも、この割合には変わりがないことをみいだしたことをまなびました。

元素の割合が、一定であるということからだけみると、空気は化合物のようにもみえます。しかし、ただ酸素と窒素とをまぜてみますと、どんな割合にでもまぜ合わすことができて、一定の比になったときに、空気という一つの化合物をつくるということをたしかめることができません。したがって、空気は酸素と窒素のむすびついた化合物ではなく、酸素と窒素がたがいにむすびつきあわないで、ただまざりあっただけのものであることがわかります。このようなものを私たちは混合物とよび、化合物と区別します。

酸素と窒素が、ほんとうにむすびついた物質は、べつにあって、すでに、プリーストリによって数種類のものが発見されていました。

混合物の例としては、銅と亜鉛をまぜ合わせてつくる真ちゅうなどのような合金がそれです。白銅、赤銅、青銅（ブロンズともよばれます）、活字金、なども、二つ以上の金属元素をまぜ合わせ、とかしてつくった混合物の例です。

では、空気がどこでも、一定の割合で窒素と酸素とをふくむのはなぜでしょうか。それは地球上では、空気はいつもよくかきまわされているためだと考えることができます。

コップの中の水に赤インキをたらしたとき、はじめは、赤いところや、そうでないところが、はっきりわかれていますが、これをかきまわすと、赤い色はコップの中のどこでも、いちようになってしまいます。これとおなじように、地球上の空気――大気ともいいます――は、よくまざり合っ

コップと赤インキ

ているために、どこでも組成（それぞれの元素の目方の割合）が一定になるのです。
このことについてはさきになって、もっとくわしく説明するつもりです。

20　倍数の法則

プルーストの発見した定比例の法則、すなわち、「化合物の組成は一定である」という法則についで、なお一つのたいせつな法則が、イギリスのジョン・ドールトン（一七六六—一八四四年）によって発見されました。

ドールトンは十九世紀のはじめごろ、酸素と窒素の化合物の数種類について、その組成をしらべました。ところがおもしろいことには、窒素の一四に対して、化合物の異なるにしたがって、酸素は、八、一六、二四、三二、四〇という割合に化合していることがわかったのです。すなわち、酸素のほうが一、二、三、四、五の比になっています。また、二酸化炭素と一酸化炭素についても、一定量の炭素と化合する酸素はそれぞれ二と一の比になっていました。

ジョン・ドールトン
(1766—1844)

なぜ、いろいろな酸素と窒素の化合物の中で、酸素が、一、二、三、四、五倍という割合でむすびついていて、そのあいだの数の比にならないのでしょうか。たとえば、なぜ窒素一四に対し、酸素が九になったり一七・五になったりしないで、いつでも八の倍数になっているのでしょうか。

ドールトンは、この「倍数の法則」をつぎのように説明しました。

わかりやすいように、一つのたとえをもちいてみましょう。

窒素を銀貨とし、酸素を銅貨としましょう。いくつかのふくろがあって、その中にはそれぞれ、つぎのような数で銀貨と銅貨がはいっています。

銅貨（酸素）	1	1	3	4	5
銀貨（窒素）	2	1	2	2	2

銀貨の目方は一四グラムあって、銅貨のほうは一六グラムあるとしましょう。そうすれば、銀貨の一つ、すなわち、一四グラムに対する、銅貨の目方の比は、それぞれ八グラム、一六グラム、二四グラム、三二グラム、四〇グラムとなって、ちょうど、

一、二、三、四、五の比になります。

銀貨も、銅貨も、半分かけたものなどは通用しませんから、いつでも、銀貨が一四グラム、銅貨が一六グラムときまっていて、二つになれば、その倍、三つになれば、その三倍となって、中途はんぱな目方はありません。

このように考えると、窒素の目方、一四に対し、酸素の目方が八の倍数になることが、完全に説明できます。

実際には、窒素も酸素も気体で、銅貨や銀貨などとは、まったくちがったものであることはいうまでもありません。

ドールトンは、ここで、じつにすばらしいことを思いつきました。それは、窒素も、酸素も目には見えないけれども、きまった目方をもつ小さい粒子からできていると考えたのです。この粒子をドールトンは「原子」と名づけました。

袋の中の、銀貨と銅貨のかわりに、窒素と酸素のいろいろな化合物は、それぞれ、窒素原子の一つ、あるいは二つに対し、酸素原子が一つ、二つ、三つ、四つ、五つというように組み合わせられて、できたものと考えることができます。

21　原子説の誕生

十九世紀のはじめ、ドールトンは、すべての元素は、目に見えない、しかし一定の目方をもった原子からできていると考えて、彼の見いだした「倍数の法則」を説明しました。

このように、物質が目に見えないような粒子からできているという考えは、すでにギリシアのころからありました。原子（アトム）ということばの意味は、これ以上、分割することができないもので、物質をつくっているいちばん小さい単位、という意味でした。

ドールトンの考えた原子によって、「倍数の法則」が説明されるばかりでなく、プルーストの「定比例の法則」も、ラヴォアジェの「質量不変の法則」も、これによって、そのすべてをむじゅんすることなく説明することができました。

すべての化合物は、いくつかのきまった数の、それぞれの元素の原子からできているとすれば、化合物の中の元素の目方の割合は一定になるはずです。これがプルーストの「定比例の法則」です。また、原子はその目方をたもったまま一つの化合物から他の化合物にうつることができるのですから、ラヴォアジェの「質量不変の法則」がなりたちます。

ドールトンは原子を考えましたが、ドールトンのころにはまだ、原子がどんな大きさのものか、などということがわかっていたわけではありませんでした。もちろん原子一個のほんとうの目方がわかるはずはありませんでした。しかし、原子の目方の、おたがいの比だけは化合物を分析することによって計算することができました。これを私たちは、原子量とよびます。いまでは、酸素の原子量を一六として、他の元素の原子量をもとめることになっています。

こうして水素は一、炭素は一二、窒素は一四、ナトリウムは二三、カルシウムは四

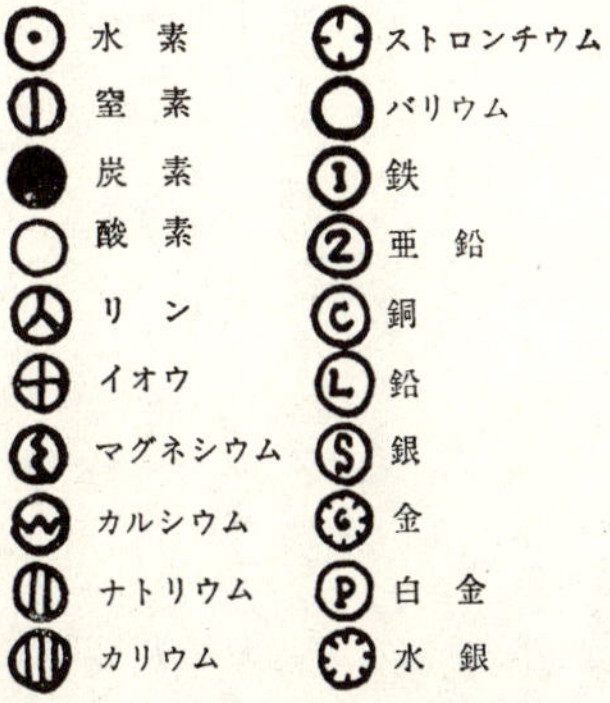

ドールトンの原子記号
（1806—1807）

○の原子量をもっています。いいかえれば、水素の原子の目方に対して、他の元素の原子は、それぞれ、水素の一二倍、一四倍、一六倍……という目方をもっているのです。

ドールトンの原子説は、その後、しだいに発展して、今では、原子一個の大きさや、目方さえも、はっきりわかったばかりでなく、原子はなにからでき上がっているか、ということまで研究されてきました。現在の物理学も化学も、すべて、ドールトンの考えのもといの上にくみ立てられているといってもいいすぎではないほどなのです。

ドールトンは、また、原子を記号であらわすことを考えました。たとえば、水素の原子は◉、酸素は○、イオウは⊕で示しました。したがって、もし、水が水素原子二つと酸素原子一つからできているとすれば、ドールトンの記号をもちいると、

◉○◉

であらわすことができます。現在では、水素はH、酸素はO、窒素はN、炭素はC、イオウはSというようにローマ字をつかって原子記号をあらわします。ここでたいせ

つなことは、Hは水素原子ということだけではなく、水素の原子量が一であるということもいっしょにあらわしているのです。（O、Nなどについても同様であります）

この記号をつかえば、水は、

H_2O

としてあらわすことができ、これは同時に水の分子（原子が二つ以上あつまってできた粒子）が一八の分子量をもつことを示しています。

ドールトンは、イギリスのまずしい機おりの子でした。若いときは小学校の先生をしていました。そののち、上級の学校の先生になったこともありましたが、まもなく、それもやめ、各地に、科学の講演をして歩いて、くらしを立てていました。一生をつましく、名誉だとか地位のことなどはすこしも考えないで、真理をもとめることにのみ、最大のよろこびをもっておくった人でした。私たちの物理学や、化学のいしずえをおいたドールトンの一生が、こんなつつましい、まずしい一生であったことは、私たちに人生の目的とは、いったい、なにであるか、ということについて、とうとい教訓をあたえるでしょう。

22 ゲーリュサックと気球

十八世紀のおわりに近いころ、人類は、長いあいだの夢であった、空中への飛行を実現しました。その最初は一七八三年にモンゴルフィエとよばれる兄弟が、パリで、はじめての気球をとばしたことにはじまります。モンゴルフィエの気球は、気球の下で火をたいて、あたためられ、かるくなった空気によって、空に浮かび上がるのでした。

最初の気球

しかし、この方法はまもなくすてられ、シャルルによって水素をつめた気球がつかわれることになりました。モンゴルフィエの飛行と同じ年の十二月一日に、水素をつめたシャルルの気球がパリの空をとび、四〇万の見物

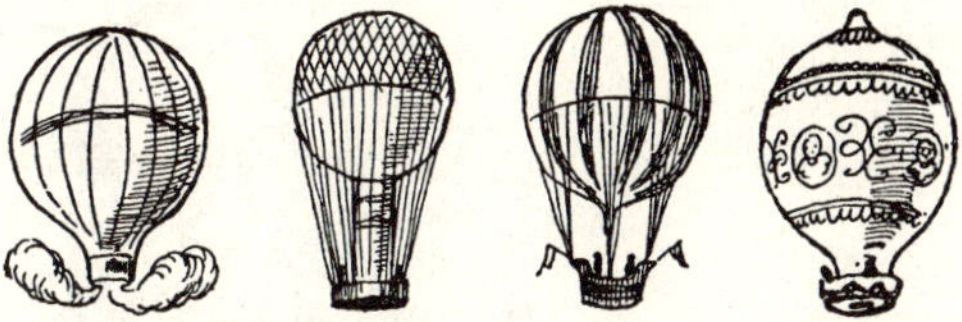
はじめのころの気球、両端はモンゴルフィエの気球。
中の二つは水素気球。

人をあっといわせました。一八〇四年に、ジョセフ・ルイ・ゲーリュサックが、シャルルの発明した気球にのって、はじめて高空の科学的な観測をおこないました。

ゲーリュサックはたったひとりで、じつに、七〇〇〇メートルまでの高さに上がって、気温をはかったり、地磁気《ちじき》の観測をしました。また、七〇〇〇メートルの高さの空気をとってきて、分析をおこないました。その結果は、地上の空気と、その組成《そせい》が少しもちがいのないことがわかりました。

七〇〇〇メートルの気温は、零下《れいか》九・五度を示しましたが、そのときの地上の温度は、二七・五度でした。高くのぼれば、のぼるほど、気温が低くなることが、こうして発見されたのです。

おもしろいことには、そのころ、二、三の学者の中に、雷の原因を、水素と酸素がばくはつ的に化合するためだと考えている人がありましたが、ゲーリュサックは、七〇〇

ジョセフ・ルイ・ゲーリュサック
(1778—1850)

○メートルの高さの空気の中に、水素が少しも存在しないことをたしかめました。

当時は、まだひじょうな冒険であった気球にのって、七〇〇〇メートルという、おどろくべき高さにまでひとりで上昇して、観測をおこなったゲーリュサックの勇気には、感嘆しないわけにはいきません。真理の探究のためには、どんな危険をも、ものともしないで敢行《かんこう》したゲーリュサックの熱意は、真理のために一生をささげた多くの科学者の中でも、とくに模範とされるでしょう。

ゲーリュサックは一七七八年にフランスの片田舎で貧しい裁判官の息子として生まれました。十二歳のとき、フランス革命がおこって、ゲーリュサックの父も、一時、革命軍によって、とらわれました。このときの、ゲーリュサックの心配はどんなだったでしょう。しかし、幸いに父は釈放され、一七九四年に、ゲーリュサックは、革命政府によってたてられた砲工《ほうこう》学校(エコール・ポリテクニク)に入学し、物理学や化学をまなぶことになりました。パリの砲工学校は、いままで、貴族によって独占されていた学問を、多くのまずしい平民に開放するために、革命政府のつくった学校で、すぐれた子弟をあつめ、政府で学費を支給して勉強させました。

ゲーリュサックは、この学校の第一回の卒業生でありました。卒業してのちは、母校の教師として、一生をこの学校ですごすことになりました。パリの砲工学校は、そののち、じつにすぐれた、数学者、物理学者、化学者を生み、フランスばかりでなく、世界の文化のために大きい貢献をしました。ラヴォアジェをころしたフランス革命は、砲工学校をつくって、その罪をつぐなったともいうことができるでしょう。

ゲーリュサックの時代は、フランス革命のあとの、混乱と、貧困の時期でありましたが、彼は、これらのいくたの困難とたたかって、気球上の観測をはじめとして、文字どおり、研究に一身をささげたのでありました。

私たちは、これから、ゲーリュサックのすばらしい研究のうち、もっともたいせつなことがらについて、まなびたいと思います。

23　気体のぼうちょう係数《けいすう》はひとしい

私たちは、気体を圧縮すると、その圧力に比例して、容積が小さくなることを、すでにロバート・ボイルによってまなびました。（二六ページ）

それでは、温度の上昇によって、気体の容積はどのようにかわるでしょうか。モンゴルフィエが、気球をとばしたときのように、空気をあたためれば、ぼうちょうして、空気がかるくなることは、すでにだいぶまえからわかっていました。しかし、温度の上昇と、気体のぼうちょうの割合を正確に測定したのは、ゲーリュサックでした。

ゲーリュサックは、空気、酸素、水素、窒素、炭酸ガスなどの、温度上昇による、容積のぼうちょうの割合をはかりました。ところが、その測定の結果、おどろくべきことが見いだされました。それは、気体の種類に関係なく、気体の温度をセ氏零度からセ氏一〇〇度まで上げると、もとの体積の〇・三七五だけ増加するということでした。

ゲーリュサックの実験の結果をつぎに示しましょう。零度から、一〇〇度に温度を上げるとき、もとの容積を一とすれば、

空気は　〇・三七五〇
水素は　〇・三七五二
酸素は　〇・三七四九
窒素は　〇・三七四九

だけぼうちょうすることをゲーリュサックがみつけたのです。現在のもっと正確な測定によりこの値は、〇・三六六になっています。これは、一〇〇度の上昇によるものですから、一度の上昇にすれば、もとの容積の〇・〇〇三六六、すなわち、一度の上昇について$\frac{1}{273}$ずつ、容積がますことになります。この値を、気体のぼうちょう係数とよびます。

「気体のぼうちょう係数は、気体の種類にかかわらず、一定の値$\frac{1}{273}$である」

この気体のぼうちょう係数一定の法則は、以前、シャルルによって論じられておりましたので、ゲーリュサック－シャルルの法則ともよばれています。

私たちは、この法則を代数式でつぎのようにあらわすことができます。すなわち、

V_0を零度のときの気体の容積（リットル）、Vtを温度t度のときの気体の容積としますと、

$$Vt = V_0\left(1 + \frac{1}{273}t\right)$$

tを一〇度とすれば、VtはV_0の一・〇三六六倍、一〇〇度とすれば、一・三六六倍となります。

24　気体反応の法則

私たちは、さきに、ラヴォアジェが、酸素の一〇〇容積に対し、水素は二〇〇容積の割合で反応し、その結果水ができることを観察したことをまなびました。

ゲーリュサックは、酸素や水素だけでなく、他の気体が化合するときには、どんな容積の割合でなされるかを測定しました。

まず、ゲーリュサックは、塩化水素（この気体を水にとかしたものが塩酸です）と、アンモニアの二つの気体が、たがいに一〇〇と一〇〇の容積の比でむすびつき、白色の塩化アンモニウムができることを見いだしました。また、酸素の一〇〇容積が、一酸化炭素の二〇〇容積と化合して、二〇〇容積の二酸化炭素（炭酸ガス）ができること、アンモニアのできるときには、窒素の一〇〇容積と水素の三〇〇容積から、二〇〇容積のアンモニアになることなどを測定しました。

水のできるときには、まえにいったように、酸素一〇〇と水素二〇〇の割合で化合

1		3		2
窒素	＋	水　素	＝	アンモニア
2		1		2
水　素	＋	酸素	＝	水 蒸 気
1		2		2
酸素	＋	一酸化炭素	＝	二酸化炭素

し、水蒸気の二〇〇容積ができます。

このように、ゲーリュサックは、気体の化合は、おたがいにひじょうにかんたんな容積の比でおこなわれ、このときできた気体の容積も、また、ごくかんたんな比になることを見いだしたのでした。

このことを図式によって示すと、上のようになります（一酸化炭素というのは、炭火の中で青くもえているガスのことで、ひじょうな毒性をもっています）。（一三〇ページ）

このゲーリュサックの発見は、どう解釈したらよいでしょうか。

私たちが、すでにくわしくまなんだ定比例の法則や倍数の法則と、ゲーリュサックの、気体反応の法則が、たがいに密接な関係をもっていることを考え、完全な説明をあたえたのは、イタリーの人、アマデオ・アヴォガドロ（一七七六―一八五六年）でした。

アヴォガドロは、一八一一年にすべての気体は、温度と圧力がひとしいとき、おな

アマデオ・アヴォガドロ
(1776—1856)

じ容積の中におなじ数だけの分子をふくんでいると考えました。

分子というのは、まえにも説明しましたが、二つ以上の原子がむすびつきあった粒子です。したがって、化合物は、すべて分子からできていますが、化合物でなくても、酸素、水素、窒素のような元素は、二つの原子がむすびついた分子からできていると、アヴォガドロは考えました。

このアヴォガドロの考えが、いかにたいせつなものであるかについて、つぎにくわしく説明しましょう。

25　アヴォガドロの分子説

ゲーリュサックによれば、アンモニアができるときには、窒素一、水素三の容積の割合で反応し、たがいに化合します。また、アンモニアを分析してみますと、水素三グラムに対し、窒素は一四グラムの割合で化合していることがわかります。まえにのべたように、水素の原子量は一、窒素の原子量は一四ですから、アンモニアは、窒素一原子に対し、水素三原子の割合で化合していることを示じます。ここで注目すべきことはこの二つの元素の原子の比、一対三はゲーリュサックの発見した気体反応の容積の比とまったくひとしいということです。ところが、すこしこまることにはゲーリュサックの測定によれば、このとき、アンモニアが一容積ではなく、二容積できることが示されていることです。

そこで、アヴォガドロは、窒素も水素も、分子は二原子ずつからできていて、その結果、アンモニアが二分子できたのだと考えました。これを式でかけば、

$N_2+3H_2=2NH_3$

アヴォガドロが考えたように、おなじ圧力と温度の下で、おなじ容積の気体の中には、同数の分子があるとすれば、右の式の窒素分子（N_2）の数、水素分子（H_2）の数、アンモニア（NH_3）の分子の数の比は、それぞれの容積の比にひとしくなります。そればかりでなく、窒素と水素の目方の比は、$2\times14=28$ と $3\times2\times1=6$ すなわち、一四と三の比になります。こうして、定比例の法則も、アヴォガドロの考えからみちびくことができました。

おなじように、水蒸気のできる反応は、

$2H_2+O_2=2H_2O$

酸素と一酸化炭素の反応は、

$O_2+2CO=2CO_2$

とかくことができます。

アヴォガドロの考えによれば、水素をもとにして気体の比重をはかり、その値を二倍すれば、その気体の分子量がはかれることになります。すなわち、水素の原子量は一であり、水素分子は、H_2（水素原子の二つからできていることを示します）でありますから、その分子量が二になるわけです。ところで、比重とは、おなじ容積の目方の比のことですから、もし、その中に、それぞれ、おなじ数だけの分子がふくまれているとするならば、水素に対するそのほかの気体の比重の値《あたい》を二倍にすれば、その気体の分子量になることは、たやすくわかるでしょう。

　このようにして、酸素（O_2）は三二、窒素は二八、二酸化炭素（炭酸ガス）は四四、一酸化炭素は二八、水蒸気は一八、アンモニアは一七の分子量をもつことがわかりました。

　二酸化炭素の分子量四四のうち、三二は、酸素によるものであり、のこりの一二が炭素によるものです。また、一酸化炭素の分子量二八は、一六の酸素と、一二の炭素の和です。ここで、二つの化合物の中の酸素の目方の比は、二と一になり、ドールトンの倍数の法則が、かんたんに説明されます。

　アヴォガドロの天才による、このおどろくべき考えは、彼がこの考えを発表してから、じつに五十年間も、人々からかえりみられないでいました。

　プルースト、ドールトン、ゲーリュサック、アヴォガドロたちの努力によって、私たちは、元素、原子、分子、化合物などについて、それぞれのはっきりした意味を教えられました。私たちは、いまや、空気の化学をまなぶための、しっかりした地盤のうえに立つことができたのです。

ガリレイが、はじめて空気に目方のあることを発見してから、アヴォガドロの分子説まで、およそ、二百五十年が経過しました。そのあいだに、多くの天才たちが、一枚、一枚、空気の秘密のベールをあばいていきました。イタリー人も、フランス人も、イギリス人も、またドイツ人も、おなじ目的のために一生をささげました。私たちが、これまでにまなんだのは、この目的のために一生をささげた多くの人々のうち、もっとも、偉大な人々と、その人たちの仕事についてでありました。しかし、私たちは、この人たちによってのみ、化学がすすんだと考えてはなりません。いな、これらの偉人たちのために、かれらが高くとび上がるための、かたい土台をきずいた、数多くの名もない研究者のあったことをわすれてはなりません。

みなさん、私は、きみたちの中から、第二のラヴォアジェ、第二のドールトンの生まれることをどんなにか、たのしみにまちのぞんでいることでしょう。しかし、私が、もっときみたちにのぞみたいことは、たとえ、むくいられることがなくとも、また、たとえ、めざましい研究ではなくとも、科学の巨大な殿堂のかたすみに、ただ一つでも誠実のこもった石をおく人に、なってもらいたいということです。

第二部

1　アルゴンの発見

第一部でくわしくのべたように、私たちには、大気が酸素（O_2）と窒素（N_2）およびわずかの二酸化炭素（炭酸ガス）（CO_2）からできている混合気体であることがあきらかになりました。人々は、空気については、これでよくわかったものと考えて、十九世紀のおわりごろまで、空気をとくに、研究する人はほとんどありませんでした。ところが、十九世紀もおわりに近づくころ、空気中には、二酸化炭素より、はるかにたくさんある気体元素が、だれにも気づかれないままにかくれている、というおどろくべきことがあきらかにされました。

イギリスの*ロード・レーリー（一八四二—一九一九年）は、一八九〇年ごろ、気体の密度をくわしく測定しなおしていました。彼は、まず、酸素についてしらべ大気の中の酸素と、酸素をふくむいろいろな化合物から得た酸素との密度が、完全に一致することを知りました。（*ロード〈Lord〉というのはイギリスの貴族の呼び名）

ところが、大気の中の窒素と、アンモニアを分解して得た窒素の密度には、いくらかのひらきがあって、空気中の窒素のほうがほぼ$\frac{1}{200}$だけ、重いことがわかりました。ロード・レーリーの測定は一万分の一まではたしかだったので、$\frac{1}{200}$というひらきは、どうしても実験のうえのあやまりというわけにはいきませんでした。

ウィリアム・ラムゼー（一八五二―一九一六年）は、この疑問を解決しようとしました。ラムゼーは、空気から、酸素や炭素ガスを完全にのぞき、純粋と考えられる窒素を得ました。そうして、この窒素を、赤く熱したマグネシウムの上をなんどとなく往復させました。気体の窒素は、マグネシウムと化合して、しだいに少なくなっていきます。そうして、のこった窒素の比重をはかってみましたら、窒素はまえよりは重くなっていて、水素の十四倍ではなくて、ほぼ十五倍くらいの重さでありました。これは、彼が一八九四年五月におこなった実験であります。

ラムゼーはこれに力を得て、おなじ実験をくりかえし、赤く熱したマグネシウムの上に、一定の量の窒素を十日間も行きつもどりつさせました。その結果は、はじめの窒素の容積の、およそ八十分の一の気体があとにのこって、その比重は、水素の十九倍になりました。

ロード・レーリーも、別な方法で、空気中の窒素から、重い気体をとりだしました。

この気体はアルゴンと名づけられ、ただしい比重は水素に対してほぼ二十倍（一九・九四）であり、空気から得た窒素の中に、一・一九％、したがって空気中には約〇・九％だけ存在していることがわかりました。このために、空気から得た窒素は、化合物から得た窒素より、ちょうど$\frac{1}{200}$だけ重くなっていたのでした。

私たちは、このあたらしい元素、アルゴンについて、つぎの章でもうすこし、くわしくまなびたいと思います。

それにしても、ロード・レーリーや、ラムゼーが、窒素の比重のわずかな差に目をつけ、それから、新元素の発見という大きい仕事をなしとげたことは、私たちにたいせつなことを教えずにはおきません。私たちは、とかく、すこしくらいのちがいがあっても、それを見すごしてしまったり、または、これだけは、例外だなどとかんたんにかたづけてしまうのがつねです。けれども、自然は、このような小さい、人々の気のつかないところに、そのたいせつな秘密をかくしていることは、アルゴンの発見においてよく知ることができます。

2　なまけもののアルゴン

ロード・レーリーとウィリアム・ラムゼーによって、発見されたアルゴンは、それまで知られていた気体元素と、すっかりちがった性質をもっていることが、しだいにわかってきました。

その一つは、アルゴン（Ar）が、他の元素とどうしても化合しないということです。酸素でも、窒素でも、水素でも、他の元素と化合してそれぞれ数多くの化合物をつくることは、すでに私たちのよく知っていることですが、アルゴンは、どんな方法によっても、他の元素と化合しません。このために、空気の中では比較的安定な窒素と行動をともにして、それまで、なかなかみつからなかったというわけです。この気体はほかの元素とのおつきあいがきらいで、なまけものですから、ギリシア語のなまけものということばをとって、アルゴンと名づけられました。

アルゴンが、他の気体とちがう第二の点は、原子一つで、そのまま分子になってい

ウィリアム・ラムゼー
（1852—1916）

ロード・レーリー
（1842—1919）

ることです。酸素、窒素、水素などの、ふつうの気体元素は、O_2、N_2、H_2のように、二原子で一つの分子をつくっていますが、アルゴンの分子はAr_2ではなく、ただ、Arなのです。水素との比重一九・九四は、水素分子（H_2）に対する比重ですから、したがってアルゴンの原子量は、その二倍の三九・九になります。

　なまけもののアルゴンの仲間は、ラムゼーによって、一つずつ、あと四つまでも発見されました。おどろいたことには、この五つのなまけものたちは、どれも空気の中に静かにかくれていたのでした。私たちは、ついでに、アルゴンの兄弟たちをおとずれてみましょう。

3 太陽の物質――ヘリウム

ラムゼーは、大気以外のところにも、アルゴンがないかと思って、地中からふき出すガスや、鉱物の中にふくまれている気体などをしらべていました。そのうちに、彼はいまでは原子爆弾の原料につかわれるウランといういちばん重い元素をふくむ鉱石の中から、ひじょうにかるい気体元素をとり出しました。この気体の比重は水素の二倍しかなく、いままでに発見されたものの中では水素についで軽い気体でした。しかも、この気体はアルゴンとおなじように、それ以上、原子にも分かれず、また他のどんな元素とも化合しないので、アルゴンの仲間であり、一原子で分子をつくっているものと考えられます。したがって、原子量は四になります。

この気体はヘリウムと名づけられました。ヘリウムというのは、ギリシア語で太陽の意味をもつことばからとったのです。

さて、なぜ、ラムゼーは、この軽い気体をヘリウムと名づけたのでしょうか。

ヘリウムの命名の由来については、すこしこみいった、しかし、ひじょうに興味のふかい話があります。

きみたちは、アルコール・ランプか、ガスの焔《ほのお》の上に食塩をのせてやくと、黄色い光が出るのを知っているでしょうか。

この光をプリズムでスペクトルに分けてみますと、一本の黄色い線がみえます。この黄色い線はふつうナトリウムのD線とよばれていて、食塩（NaCl）をつくっているナトリウムと塩素のうち、ナトリウムから出る光なのです。私たちは、化学分析をしなくても、いろいろな物質から出る光のスペクトルをみるだけで、その物質がなんであるかを知ることができます。なぜなら、どの元素も特有なスペクトルをもっていて、たとえばD線のでるところには、ナトリウム以外の他の物質でこんなにつよい光を出すものがないからです。したがって、D線がスペクトルの中にみられれば、その物質の中にはナトリウムがあることがわかります。

一八六八年のことでした。その年の八月にインドで日食がありました。イギリスのロッキャーが、コロナの光をスペクトルで観測したところ、ナトリウムのD線の近くに、地球上の物質では、見ることのできない一つの光を発見しました。そこで、ロッキャーは、これは、太陽のそとがわをつつむ気体の中だけにふくまれていて、地球上にはない元素からでる光であると考えて、これにヘリウムという名まえをつけました。まえにものべたとおりヘリウムというのは、ギリシア語で「太陽の物質」という意味です。

ラムゼーが、彼の発見した水素についで軽い気体から出る光を、スペクトルでしらべたところ、いままで、太陽の中にだけあって、地球の上にはないと考えられていた元素とまったくおなじスペクトルを示しました。

そこで、それまで、太陽にだけある元素として、かりにもちいられていたヘリウムという名まえを、地上であたらしく発見されたこの元素の名まえとして名づけました。

ヘリウム（He）は、のちに、ラムゼーの研究によって、空気の中にもわずかに存在することがわかりました。

ラムゼーは、アルゴン、ヘリウムの他にも、ネオン、クリプトン、キセノンの三つの気体を、空気の中からとり出しました。これらはすべて、アルゴンとひとしく、一原子で分子をつくっていて、他のどんな元素とも化合物をつくりません。

さて、アルゴンと、その同族の元素が、空気の中にふくまれている割合はつぎのとおりでした。

アルゴン　〇・九三%

ヘリウム　〇・〇〇〇五二%
ネオン　〇・〇〇一八%
クリプトン　〇・〇〇〇一一%
キセノン　〇・〇〇〇〇〇九%

これらの気体元素は、その当時としては、めずらしく、酸素や窒素などにくらべれば、ずっとその量がすくないものでしたから、希有《けう》気体元素と名づけられました。アルゴンと、ヘリウムの名のおこりについては、すでにくわしくのべましたから、ついでに、ネオン（Ne）、キセノン（Xe）、クリプトン（Kr）の三つの名まえについて説明しておきましょう。ネオンとは、「あたらしいもの」、キセノンは「外来者」、クリプトンは「かくれているもの」の意味です。

希有気体元素は、発見の当時にはたしかにめずらしいものでした。しかし、いまでは、工業的に空気から分けられて、アルゴン・ランプやネオン・ランプの中に封入せられて、そのつよい青紫や赤い光で夜の街をいろどっていたり、あるいは電球の中にアルゴンをつめて、長もちのする電球がつくられています。（一四四ページ）

4　ヘリウムと放射性元素

ラムゼーが、いままでは原子爆弾の原料につかわれるウランをふくむ鉱石の中から、ヘリウムを発見したことを、私たちはまなびました。

いったい、ウランとヘリウムは、なにか関係があるのでしょうか。

ウランは、元素の中では、いちばん、原子量の大きい元素です。元素を、原子量の順にならべますと、水素が一番で、ヘリウムが二番となり、炭素は六番、窒素は七番、酸素は八番という具合にすすんで、最後にウランが、九十二番となって、天然に産する元素としてはもっとも大きい原子量をもっています。

フランスのアンリ・ベクレル（一八五二—一九〇八年）は、なにげなくウランの化合物を、黒い紙につつんだ写真乾板の上においておきました。ところでのちになって彼はふしぎなことを見いだしました。ふしぎも、ふしぎ、ベクレルがその乾板を現像してみたら、くっきりと、その化合物のかたまりの形や、もようまで、写真になって

あらわれたのです。（一八九六年）

乾板は黒い紙でつつんであったのですから、どこからも光がはいったわけではありません。もし、原因があるとすれば、鉱石から、一種の光が出て、しかも、その鉱石から出た光のようなものは、黒い紙を通して乾板にまで到達したことになるでしょう。

いったい、この光のようなものはなんでしょうか。私たちが、ウランから出て、写真にうつった光のようなものの本体がなにであるか、また、どうしてそれが、わかったかをくわしく知るためには、なお、べつにもう一冊の本を必要とするくらいのことがらがあります。それは、じつにおもしろい話で、しかし、私はきみたちに、ぜひ、それをまなんでほしいと思います。私たちは、ここでは、やむをえず結果だけをまなぶことにしておきましょう。これは、ひとりの有名な女の科学者、マリー・キュリー（一八六七―一九三四年）によって、発見されました。

マリーはポーランドの生まれでしたが、フランスでまなび、フランスの物理学者ピエル・キュリーと結婚してフランス人になりました。彼女は夫のピエルと共同してウランばかりでなく、他の元素にも、このような性質をもつもののあることを予想し、ついに、ポロニウム、ラジウムなどのあたらしい放射性元素を発見しました。このうちポロニウムは彼女の故国ポーランドにちなんで名づけられたものです。これらの元素の原子からは、つぎの三つのふしぎな放射線の中のどれかがとび出ます。その一つは、レントゲンによって発見されたX線――X線の名まえについてはきみたちも、レントゲン検査で知っているはずです――に似て、非常につよい透過力をもつ放射線で、ガンマ線とよばれます。その二は、マイナスの電気をもった放射線でベータ線とよばれ、最後の三つめのものが、プラスの電気をもつアルファ線です。（アルファ、ベータ、ガンマはギリシア語のエー・ビー・シーにあたる文字）

ところで、このアルファ線というのが、ヘリウムに関係のあることがわかったのです。すなわち、放射性原子からとび出るプラスの電気をもった放射線こそは、電気をおびたヘリウム原子にほかなりません。

さあ、これで、ラムゼーが、ウランの鉱石の中からヘリウムを発見した理由がわかりました。すなわち、ウランの鉱石の中では、いつも、休むことなく、わずかずつのヘリウムがあらたにつくられているのです。もちろん、ラムゼーは、そんなことには、すこしも気がつかないで、やみくもに、あたらしい気体をさがしもとめていたのですが、それが、幸運にも、ウランの鉱石にぶつかったというわけなのです。

こういうことを考えますと、科学というものが、じつに、多くの人々の有形、無形の協力によってなりたっていること、また、ベクレルの発見したウランの写真作用が、まるで方面のちがうラムゼーのヘリウムとつながり、これがまた、ロッキャーの日食の観測につながるというように、おもいもかけないところに、真理の網がはりめぐらされていることにおどろかないわけにはいきません。

ヘリウムは、このようにして、放射性元素から、年がら年中、休むことなくいつもあらたにつくられています。その速さは温度によっても、また、外からの圧力によっても少しも変わることがないので、鉱石の中の放射性元素の量と、ヘリウムの量とがわかれば、その鉱石の年齢を知ることさえできるほどです。また、ウランはたいていの岩石の中に、すこしずつはふくまれていますから、地層が古く、そのあいだに、大きい変動のなかったところほど、土地の中にヘリウムを多くふくんでいます。

こういうわけで、アメリカ大陸では、土地からふき出す天然ガスの中に、ヘリウムを多くふくんだものがあります。アメリカでは、水素のかわりにヘリウムをつめた飛行船ができているほどです。水素は、もえやすく、ばくはつしやすいのに対し、ヘリウムにはこのような危険はいっさいなく、しかも水素についで軽い気体ですから、飛行船や、気球に利用するにはもってこいの気体です。

自転車でピクニックに出るキュリー夫妻

5　オゾン——におう気体

電気の機械が発明されてから、電気機械のそばにいくと、へんなにおいのすることに気づきました。このにおいは、はじめは、なにか電気に関係した物質によるものではないかと考えられていました。そののち、シェーンバインというドイツの学者は、水*を電気分解して、水素と酸素に分けたとき、電気分解したばかりの酸素には、おなじようにへんなにおいがあって、しかも、その酸素の酸化力は、ふつうの酸素よりもつよいことを発見しました。（一八四〇年）

（*電池の＋と－の極からそれぞれ針金を出して、これを、希硫酸で酸性にした水の中につけると、＋の針金のさきから酸素、－の針金のさきから水素が出てきます）

シェーンバインは、このつよい酸化力と、特別なにおいをもった気体にオゾンと名まえをつけました。オゾンという名まえはギリシア語の「におい」という意味のことばからとったものです。

しかし、シェーンバインは、オゾンは、水素と酸素の化合物*ではないかと考えた点であやまちをおかしました。オゾンは水素の酸化物ではなく、酸素原子が三分子あつまってできた酸素の兄弟であることがわかったのは、フランスの学者たちの研究の結果でありました。（*水素と酸素の化合物としては水〈H_2O〉のほかに過酸化水素〈H_2O_2〉があります。過酸化水素のうすい水溶液がオキシフルです）

ふつうの酸素はO_2であり、オゾンはO_3であらわすことができます。オゾンのにおいは、この気体が、空気中にわずか三〇万分の一あっても、はっきりわかるくらいだといわれています。

6　オゾンと紫外線

きみたちは、病院でつかう太陽灯を知っているでしょう。太陽灯というのは、水銀と水銀のあいだに、電気の火花をつくって、つよい紫外線を出す装置です。

この太陽灯のそばにいくと、つよいオゾンのにおいがします。

この場合、オゾンはつぎのようにしてできると考えられています。紫外線が空気中の酸素分子をてらし、これを分解して酸素原子にします。できた酸素原子が、酸素分子とむすびついてできたのがオゾンです。これを式でかくとつぎのようになります。

$$O_2 + 光 \rightarrow O + O$$

$$O + O_2 \rightarrow O_3$$

さて、きみたちは、紫外線について知っているでしょうか。きみたちは、たぶん太陽の光のような白い光をプリズムで分けると、虹《にじ》の七つの色、すなわち、赤、黄赤、黄、緑、青、あい、紫のスペクトルに分かれることを知っているでしょう。

光は、一種の波のようなものと考えることができます。しかし、光の波は水の波などとはちがって、波の山と山とのあいだの距離（波長）がひじょうにみじかくて、一ミリメートルの千分の一のミクロン、そのまた千分の一、すなわち、ミリミクロンの単位で、八〇〇ミリミクロンから、四〇〇ミリミクロンくらいのものであります。赤い色は七―八〇〇ミリミクロンくらい、紫の色は四〇〇ミリミクロンくらいで、上にのべた七色の順に、波長がみじかくなります。

目にみえるのは、紫までですが、じつは、目にはみえないけれど、紫をはずれたところにも、一種の光があり、これを、紫の外がわにあるので、紫外線とよびます。

目にみえない紫外線のあることは、いろいろなことで証明されます。たとえば、紫外線は、写真乾板にもよく感じます。また、たとえば、塩素ガス（Cl_2）と水素ガス（H_2）をまぜたものに紫外線をあてますと、とたんに、ばくはつして、塩化水素（HCl）ができます。

紫外線は、人間のからだにも、いろいろなはたらきをします。日光にあたって、日やけをおこすのは、紫外線の作用です。太陽灯や、アーク灯にてらされると、日光にあたったときより、もっとみじかい時間で、ずっとひどい日やけをおこしたり、目がまっかになったりします。

紫外線が、このような、つよいはたらきをもっているのは、紫外線がふつうの光より大きいエネルギーをもっているためです。

その証拠には、ガラスごしの日光や、つよい電灯の光にいつまで、てらされていても、日やけなどはおこしません。これは日光は、ガラスを通るとき、紫外線を失ってしまうからです。また、ふつうの電灯の光は、紫外線をもっていないからです。

さて、紫外線のもつ、この大きいエネルギーによって、酸素分子は、二つの酸素原子にひきはなされてしまいます。ひきはなされた酸素原子は、他の酸素の分子にぶつかってオゾンになります。オゾンは酸素より一つだけ酸素原子を多くもっているために、つよい酸化力をもち、ばいきんを殺す大きい力をもっています。

オゾンは、また、紫外線をつよく吸収する性質をもっています。たとえば、赤いガラスは、赤以外の光を通さないで吸収するために赤くみえるのですが、それとおなじように、オゾンは、目にみえる光は通しますが、紫外線の大部分をすいとってしまい

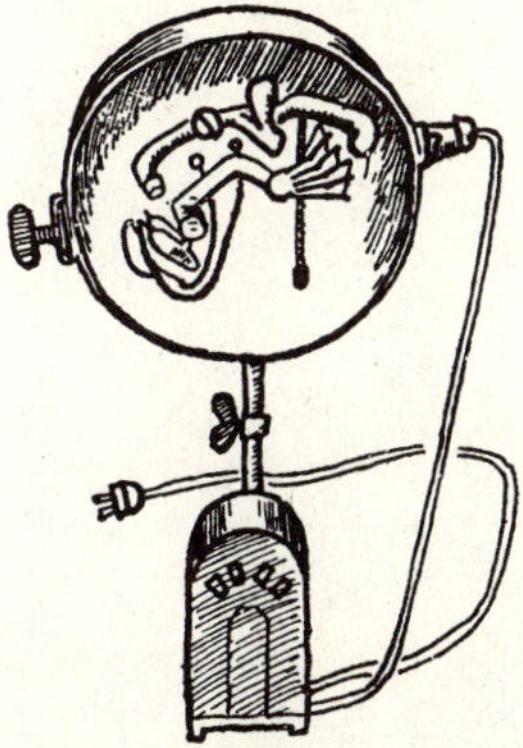
太陽灯

ます。つまり、オゾンは紫外線に対しては不透明な気体だということができます。

オゾンは大気の中に、ほんのわずかだけふくまれています。それは、日光の中にふくまれている紫外線のはたらきによって、できたものです。しかし、そのオゾンの量は、ひじょうにすくないもので、空気全体の千万分の一以下の量であります。

けれども、このすくないオゾンが、私たちの生活に、おどろくほど大きい影響をあたえているということは、おもしろいことです。

太陽の光が、地球の近くに達するときまでは、つよい紫外線をもっていますが、それが、大気を通過するあいだに、オゾンなどに吸収されて、だんだんよわくなり、地上にとどくときには、ほんの一部しかのこらなくなります。のこった紫外線は、よわくもなく、つよすぎもせず、私たちのからだに、いちばんたいせつなはたらきをします。

もし、空気の中のこのわずかなオゾンが急になくなったとしたら、日光の紫外線は、あまりにつよすぎて、私たちは、ちょっと、日にあたっただけで、皮膚が火ぶくれのようになり、目はまっかになって見えなくなってしまうでしょう。じっさい、こんなにつよい紫外線が、そのまま地上の日光の中にふくまれていたら、動物も、植物も、その細胞をこわされて、生きているものはないだろうとさえいわれています。

オゾンによって、適当によわめられた太陽の紫外線は、私たちの健康のためには、なくてはならないものです。冬になって雪でうずまってしまう北国では、家の中に日がさしこまないので、結核が多く、また、背骨が曲がるクル病にかかる人が多いのです。紫外線は、私たちに結核に対する抵抗力をあたえますし、また、殺菌力がつよいので、いろいろなばいきんを、わずかな時間で殺してしまいます。

クル病というのは、ヴィタミンDの不足から生ずる病気ですが、私たちが、紫外線にあたると、からだの中で自然にヴィタミンDができて、クル病にかかることはありません。

こういうわけで、私たちは、いつでも、日にあたることがたいせつです。「太陽のおとずれる家には医者はおとずれない」ということわざがあるのも、太陽の紫外線が、私たちの健康をたもつのに、たいせつなものであるということをうまくいいあらわしています。

紫外線は、まえにもいったように、ガラスに対しては不透明ですから、ガラスごしの日光では、日光浴をしても、なんにもなりません。

また、紫外線は、大気の中のオゾンや、こまかいごみのようなものでよわめられていますから、低いところではよわく、高い山の上にのぼると、地上よりずっとつよくなります。

よく海岸や、松林の中ではオゾンが多いという人がありますが、これは、まだ、ほんとうにたしかめられているわけではありません。

オゾンは、空気中にはひじょうにわずかしかふくまれていないので、それが直接に私たちのからだに影響をおよぼしているとは考えられませんが、紫外線にはたらいて、私たちの生活に大きい役わりをはたしているのです。

7　二酸化炭素（炭酸ガス）――生命のもと

二酸化炭素（炭酸ガス）については、ずっとまえから研究されていたことは、第一部の「固まる空気」のところでくわしくのべました。二酸化炭素は、空気中にはわずかに〇・〇三%しかないのに、酸素や、窒素より、むしろ早く、空気中でその存在がたしかめられたことも、さきにのべたとおりです。

いったい、空気の中にはいっているわずかの二酸化炭素が、私たちの生活にどんな関係をもっているのでしょう。きみたちは、二酸化炭素は、私たちのはきだす息の中にふくまれていて、それが、もはや、呼吸にはやくに立たぬものであることを知っているでしょう。

長いあいだ、室《へや》をしめきって、多勢の人がいますと、空気はしだいにわるくなって、頭がいたくなります。これは、酸素がすくなくなって、二酸化炭素がふえるためであることも知っているでしょう。二酸化炭素は、それじしん、べつに毒というほどのものではありませんが、二酸化炭素が多くなって、酸素がすくなくなれば、体内に生じた二酸化炭素を、そとにはき出すことがむずかしくなるために、気分が悪くなってくるのです。

では、空気中の二酸化炭素は、私たちには、なんのやくにも立たない、無用の長物《ちょうぶつ》でしょうか。いや、とんでもない。それどころか、私たちは、空気中の二酸化炭素のおかげで生きているといってもよいくらいなのです。それはなぜでしょうか。

きみたちは、植物が、一粒の種から、あのように、大きく成長することを、ふしぎに思ったことはないでしょうか。この植物のからだは、いったいどうしてできたのでしょうか。じつは、これこそ、空気中の二酸化炭素の変化したものなのです。

緑色の葉の中に、私たちにはまだわからない秘密がひそんでいます。そこでは、空気中から二酸化炭素を吸収し、根からすいあげた水と化合させて、糖分やでんぷんをつくる微妙ないとなみがなされています。二酸化炭素と水は、太陽の光の作用で化合します。この化合をうまく、なめらかにおこなわせるのは、葉の中の緑色をした葉緑素のはたらきです。二酸化炭素はCO_2であらわすことができますが、植物の体の中で、糖分や、でんぷんができていくと、酸素があまり、この酸素は空気中にはき出されます。これを植物の炭酸同化とよんでいます。植物の炭酸同化は呼吸とは反対に、二酸化炭素を吸って、酸素をはき出すことになります。

このようにして植物は一方では呼吸もしているけれど、炭酸同化により、空気中の炭酸ガスをつかって、自分のからだをつくっていきます。

木材をつくっているセンイ素、いものでんぷん、あまい砂糖、種の中の油、これらは、すべて、空気中の二酸化炭素が変化したものです。私たちは、植物のつくった、これらの炭水化物（でんぷんや糖分のこと）や、脂肪をたべて、自分たちのからだのやしないにしています。つまり、私たちは、空気中の二酸化炭素のおかげで生きているということができるでしょう。

私たち、動物は、植物からもらったでんぷんや、糖分や、脂肪をからだの中で分解し、その一部は酸素と化合させて、その燃焼の熱で体温をたもち、このとき、できた二酸化炭素を空中にはき出してしまいます。他の一部分は、筋肉の組織になったり、脂肪や、グリコーゲン（動物性の糖分）になって、体内にたもたれます。

二酸化炭素と、水と、光から複雑な炭水化物をつくる植物のはたらきを、じつにふしぎだとは思いませんか。もし、かんたんにこういう実験ができたら、どんなにおもしろいでしょう。ソーダ水（水と二酸化炭素）を光にあてて、おいしい砂糖ができるとしたら、これは、すばらしい実験ではないでしょうか。ところが、私たちには、まだ、植物の中でおこなわれているふしぎな実験については、たしかなことがすこししかわかっていません。

きみたちの中から、この植物の中でおこっているふしぎな化学反応の秘密をあきらかにする人は出ないでしょうか。私たちが、植物にたよらず、化学工場の中で、自由に砂糖や、でんぷんをつくれるようになったら、世界中の人々は、もはや、食糧にこまることがなくなるでしょう。こんな、化学者の夢をみるのも、たのしいことではないでしょうか。

8　有機化合物とはなにか

私たちは、植物や、動物のからだが、もともと、空気中の二酸化炭素（炭酸ガス）からできた複雑な炭素の化合物であることを知りました。

炭素の化合物の数は、じつに数万、数十万というほど、その種類が多いのです。それで、私たちは、炭素化合物のことを、大きいわけかたで、有機化合物とよんでいます。

これに対し、炭素化合物でないものを、無機化合物といいます。もっとも、炭素の化合物でも二酸化炭素、一酸化炭素、炭酸ナトリウム、重炭酸ナトリウム（重曹）のようにかんたんなものは、いままでの習慣で、無機化合物とよんでいます。

むかしは、有機化合物は、植物や、動物のからだの中でしかできないもので、人間の力のおよばないものと考えられていました。というのは、生物のはたらきは、あまりにもふしぎなので、生物の中には、なにか「生命力」というようなものがはたらい

フリードリッヒ・ヴェーラー
(1800—1882)

ていて、この「生命力」は、神さまでなければつくりえないと考えられたのでした。

　ところで、一八二八年に、フリードリッヒ・ヴェーラー（一八〇〇—一八八二年）は、はじめて、いままで生物体の中だけでしかできなかった尿《にょう》素《そ》（尿の中にある物質）を、まったく無機化合物だけから合成しました。こうして、有機化合物と、無機化合物とのあいだの、さかいは、ヴェーラーによってとりのぞかれました。いいかえれば、有機化合物は、けっして、神秘な「生命力」によってできるものではなく、実験室の中で、フラスコや、試験管の中でもできるのだということがわかったのです。

　こうして、いまでは、何万という有機化合物が実験室でつくられています。しかし、もちろん、いまでも、生物のからだを形づくっている、すべての物質が実験室の中でできたわけではありません。ことに、ひじょうに複雑な蛋白質《たんぱくしつ》の類の多くを、まだ、私たちは、つくることができないのです。しかし、私たちはこれも、かならず、いつかは、化学者の手によって、実験室の中で、つくり上げられることを、かたく信じています。

自然界には、ふしぎなことが、たくさんあります。いつの時代でも、このようなふしぎなことを、ほんとうに、ふしぎなものとして、どこまでも正面からとりくまないで、あれは、神さまの力によるものだとか、なにか妖怪変化《ようかいへんげ》の力によるものだなどと、かんたんにかたづけてしまう人々があります。

しかし、自然のふしぎに、ほんとうにおどろくのは、科学者であり、また、そのふしぎを、どこまでも追究して、なっとくのいくまでしらべ、私たちにおしえてくれるのも科学者だということができます。

9　青い炭火《すみび》

私たちは、二酸化炭素（炭酸ガス）について、くわしく知ることができましたが、二酸化炭素には、ひとりの弟がいます。それは、二酸化炭素よりは、酸素を一つだけすくなくふくんでいるもので、一酸化炭素とよばれています。したがって、化学式でかくと二酸化炭素のCO_2にたいして、COであらわすことができます。

一酸化炭素といえば、なにか私たちに縁どおい物質のように思われますが、じつは、私たちの生活にたいへん、近く、したしいものであります。

炭火が、すっかりおこりきるまえに、さかんに、青い焔《ほのお》をだしてもえます。これは、一酸化炭素がもえているのです。炭は、酸素が十分に供給されれば、完全に酸化（酸素と化合すること）されて、CO_2（二酸化炭素）になりますが、空気の供給が十分でないと、COにまでしかなりません。このCO（一酸化炭素）は、さらに酸素と化合して、（すなわち空気中でもえて）けっきょく二酸化炭素になります。

二酸化炭素は、もうこれ以上、酸素と化合することはできないのでもえることはありませんが、一酸化炭素のほうは、青い焰《ほのお》をだしてよくもえます。

二酸化炭素は、前にのべたように、たいして毒というほどではありませんが、これに反して、一酸化炭素は、私たちにとっては、猛毒の気体です。炭火や、たきぎの火からは二酸化炭素と同時に、一酸化炭素もいくらかずつ出ています。この一酸化炭素を吸うと、それが血液の中のヘモグロビンという赤い色素と化合して、そのために、血液のはたらきが悪くなります。こうして、急に頭がいたくなったり、はきけをもよおしたりしはじめます。

寒さぎらいのネコが、こたつにはいっていて、一酸化炭素の中毒で、のびてしまうことがあるのを知っているでしょう。ネコでなくても、炭火や、たきぎを、室《へや》の中でもやすときには、十分に換気《かんき》をしないと、私たちでさえ、かんたんに、のびてしまうことがありますから、よく注意してください。

一酸化炭素が、私たちの生活に関係のあるもう一つの例は、石炭ガスです。これは、ふつう、私たちの家庭ではただガスとよばれているものです。石炭ガスは、石炭をむしやきにするときに出てくるもので、おもな成分は、一酸化炭素、水素、炭水化物（メタンCH_4エタンC_2H_6などの炭素と水素の化合物）のような、もえやすい気体の混合物です。ガスの中には、このように、猛毒な一酸化炭素を多くふくんでいますから、私たちは、ガスをもらさないようにしなければなりません。ガスの栓をひねるまえに、マッチに火をつけ、また、ガスがもれているようでしたら、石鹼《せっけん》水をつくって、もれていそうなところにぬりつけると、ガスがもれていれば小さいシャボン玉ができるのですぐわかります。ガスがへんなにおいのするのは、ガスのもれに気がつくように、わざわざにおいのするものをまぜてあるためです。

10　大気のまざりもの

塩酸のビンを長く室《へや》においておきますと、そばにアンモニアがおいてないのに、ビンの口に白い塩化アンモニウムの粉がつくことが、ずっと昔からわかっていて、空気中にはわずかのアンモニアをふくむのではないかといわれていました。

実際に、雨水を分析してみますと、アンモニアの存在がはっきりとみとめられます。

この大気中のアンモニアは、もともと、土地の表面から出てくるもので、土地の表面に近いところでは、いろいろなものが腐敗して、バクテリアの作用によってアンモニアになります。空気中のアンモニアが、腐敗作用によってできたものである証拠には、大都会ほど雨の中にアンモニアをふくむことが多く、また、梅雨のころのようにジメジメとして、むしあついころに、空気中のアンモニアが多くなることでもわかります。冬になって、バクテリアがはたらきにくくなると、空気中のアンモニアはへってしまいます。

空気中にはアンモニア（NH_3）のほかにも、亜硝酸《あしょうさん》（HNO_2）、硝酸（HNO_3）などのような窒素の化合物がすこしずつふくまれています。このような物質は、雨にとかされて、ふたたび大地にしみこみ、自然に植物のこやしになります。

空気の中には、亜硫酸《ありゅうさん》ガス（SO_2）や硫酸（H_2SO_4）がふくまれることもあります。ストーブの石炭をもやすと、せきのでるようないやな煙がでることがあります。この煙の中には、石炭の中にふくまれているイオウ（S）がもえてできた亜硫酸ガスがふくまれているためです。家庭でつかわれるレンタンというのは石炭の粉をかためたものですから、レンタンの火の上に鉄びんなどをかけると亜硫酸ガスのためにまっかにさびてしまうことに、気づいている人もあるでしょう。大都会ほど、石炭をたくさんもやすので、都会の空気にはそれだけ多く亜硫酸ガスがふくまれるわけです。この亜硫酸ガスは、空気中でさらに酸化されて、一部は硫酸（H_2SO_4）にまでなります。こうして、都会の雨は、田舎の雨とちがって、いくらか酸性にかたむいています。このような物質は、ときにより、ところによって、空気中にふくまれている分量がちがうので、いわば、空気中のまざりものといってよいものでしょう。しかし、どんなところの空気でも、まざりもののない空気はじっさいには存在しないということができます。これはちょうど、天然の水には、蒸留水のように純粋な水がないのとよく似ています。これらのまざりものは、ひじょうにすこしで、たいてい、百万分の一くらいしかふくまれていませんが、それでも、硫酸や、亜硝酸のようなものは、ひじょうにこまかい粒になって、空中にうかび、これが、冬の季節などに、空気中の水をすって市街地で霧をおこす原因になることがあります。有名なロンドンの霧なども、硫酸の粒や、こまかい煤塵《ばいじん》が原因になるといわれています。

また、雨にとけて、自然に植物のこやしになるアンモニアの量も、一年間にすれば百平方メートルあたり百グラム以上にもなるということですから、ばかになりません。

大気中には、このほかに、ごみのようなまざりものがあります。ごみは都会ほど多く、大都会では一立方センチの空気の中に一万個もの、ごみがふくまれているということです。こういうごみは、太陽の光線をよわくしますし、また、年がら年中きたない空気を呼吸していることによって都会に生活している人々のからだをよわめます。ごみの中にはバクテリアや、それよりもっと小さい病原体がふくまれていて、病気をはこんでいきます。

ごみは地面に近いところから出るものですが、都会から出るごみのほかに、武蔵野《むさしの》のように、砂ぼこりの立ちやすいところでは、春先になると、もうもうとした砂ぼこりが東京の町をおそって、家の中を砂だらけにしてしまいます。この砂ぼこりがもっと大規模になったものは、蒙古《もうこ》などの砂漠にできるもので、黄砂《こうさ》とよばれ、大陸と海をわたって、はるばる日本までやってくることがあります。

また、火山のばくはつにともなって、火山灰が空高くまき上げられ、成層圏《せいそうけん》に近いところにただよって、二、三年間、地球の上をおおうことがあります。こういうときには、火山灰のために太陽の光がさまたげられ、そのために地球上の空気の温度が下がって、冷害をおこすことがあるといわれています。また、このようなこまかい火山灰がたかい空にうかんでいると、そのあいだ、いつもより美しい夕やけの現象がみられるということです。（二五一ページ参照）

11　空気にも色がある

無色透明の代名詞のような空気に色があるといったら、きみたちは、ちょっとへんだと思うことでしょう。

しかし、きみたちは、空気の色については、すでによく知っているはずです。というのは空気の色とは、青空の色のことだからです。

いったい、ものの色というのはなんでしょう。たとえば、赤インキは赤く見えます。これは、赤インキは白い光の中で、赤い色だけをとおし、他の色の光を吸収してしまうために、赤くみえるのです。また、赤い紙は、赤い光だけを反射して、他の大部分の色を吸収してしまうために赤く見えるのです。

このように、ものの色というのは、その物質が、どんな色の光を透過、または反射し、どんな光を吸収するかということによってきまるものであります。

空気の分子は、どの色も吸収しないで、とおしてしまうために、無色で、透明なものであります。ところが、空気をつくっている分子は、ひじょうにわずかながら、光を反射する作用をもっています。これを、分子による光の散乱といいます。この散乱のために、空気にも色がみえることになります。

朝、寝床の中で雨戸のあなから、朝日がさしこむのをみますと、光がすじになって、その光のすじの中で、キラキラと光るものが見えるでしょう。キラキラ光っているものは、空気の中にうかんでいる小さいごみです。ごみは大気の中にはどこにでもあるのですが、このように、暗いところに、外から光がさしこんでいるようなところで、はじめて、キラキラ光り、私たちは、これを肉眼で見ることができます。これは、ごみの一つずつが光を散乱し、あたかも、自分で光を出しているかのように、光って見えるために、ふつうは肉眼で見えないような小さいごみが大きく見えるのです。この現象については、イギリスのチンドール（一八二〇―九三年）という物理学者が研究したので、一名「チンドールの現象」とよばれています。

チンドールは、アルプスの氷河に興味をもち、氷河のくわしい研究をした人としても有名です。チンドールは、またすぐれた文章家で、彼がアルプスにいったときの紀行文は、ひじょうにおもしろい旅行記として、いまでも世界中の人々に愛読されています。

さて、さきに、希有《けう》気体の発見のときにも名まえがでてきましたが、イギリスのロード・レーリーは、ごみばかりでなく分子のようなもっと小さいものでも、光を散乱することができるはずだということを考え、それを理論的に証明しました。

レーリーの研究によりますと、分子による光の散乱は、光の波長がみじかいほど、急にまします。したがって、赤い色のように波長の長い光は散乱されないで、青や紫の波長のみじかい光ほどつよく散乱されます。紫外線は、さらにもっとつよく散乱がおきます。

こうして、太陽からきた光が、空気分子にあたりますと、青や紫の部分はつよく散乱され、四方八方にちらばってしまうため、空いちめんに青く見えるのです。空の青いわけは、レーリーの研究によって、はじめて、その理由があきらかになりました。紫外線は、青や紫の色よりもっと散乱がはなはだしいので、ちょうど、空全体から、私たちの頭の上にふりそそぐようになります。

レーリーの考えた分子による光の散乱は、空気分子ばかりでなく、どんな分子によってもおこりうるわけで、たとえば、水が青く見えるのも、水の分子による光の散乱によるものということができます。

さて、ごみのような小さい粒子による場合でも、または、分子によるときでも一般に散乱をしにくいのは、波長の長い赤い色ですから、空に、小さいごみのようなものがたくさんあると、太陽は、赤くみえます。これは、ごみの層を通るあいだに赤い光だけがのこり、そのほかの光が散乱されてしまうためです。美しい夕やけや、朝やけはこうしておこります。

空気分子だけによる光の散乱の結果、私たちの目に見える純粋の空の色は、絵具のウルトラマリンとおなじ色をしています。これは、高い山の上で、晴れた日に、太陽を背にして空を見上げるときに見ることができます。地上から見る空は、空気分子以外のごみや、水滴のようなものによって、空気分子の場合より、もっと波長の長い光まで散乱されるので、ときによってコバルト色から、灰色のような色にまでかわります。

12　空気は液体にすることができる

私たちは、いままで空気といえば、ただ、気体としてしか考えていませんでした。この空気が液体になるといえば、びっくりする人もあるでしょう。

私たちは、たらいに水をくんで、ひなたに出しておくと、いつのまにか水がすくなくなることを知っています。やかんのお湯も、わかしている間に、どんどんなくなってしまいます。

これは、いままで、液体の水をつくっていた分子が、空気中に逃げて目に見えない水蒸気になり、大気の一部分になってしまうためです。つまり、液体が気体になったのです。この反対に、たとえば、水を入れたコップをあたたかい室《へや》の机上においておくと、コップのまわりに水滴がくっついてきます。これが、コップからもれた水でないことは、いうまでもありません。これは、空気の中にあった気体の水（水蒸気）が、コップの面で冷やされて、ふたたび液化したものと考えることができます。

このように、一つの物質が、かんたんに気体になったり、液体になったり、または固体（水の場合は氷）になったりすることを、きみたちは、すでによく知っているはずです。このことを、私たちは物質の「三態《さんたい》」とよんでいます。

気体を液体にするには、まず、気体をひやすか、または、ひやしたうえで気体をうんと圧縮してやればよろしい。たとえば、二酸化炭素（炭酸ガス）などは、七三気圧以上の圧力で圧縮すると、かんたんに液体になります。アンモニアの場合には一一五気圧以上で液化します。

ところで、空気の中の酸素や窒素はどうでしょうか。

空気は氷や、氷と塩をまぜてつくった寒剤でひやしたくらいでは、いくら圧力をかけても液体にすることはできませんでした。水素や、ヘリウムのような気体も、酸素や、窒素と同じく、いくら圧縮しても液体にすることができませんでした。そこで、これらの気体のことを、永久気体とよんでいたこともあります。すなわち、いつも気体のままでいて、液化することのできない物質であるという意味です。

ところが、気体の研究がしだいに進んで、気体を液化するためには、どうしたらよいかということが、だんだんはっきりしてきました。

というのは、液化しやすい二酸化炭素や、アンモニアのような気体でも、ある温度以上にあたためておくと、もう、いくら圧縮しても液体にならないことがわかりました。この温度は、二酸化炭素では三一度以上、アンモニアでは一三〇度以上です。

そこで、空気をいくら圧縮しても液化しないのは、空気が十分にひやされていないためだということがわかりました。

空気を十分にひやすにはどうしたらよいでしょうか。私たちの知っているものでいちばんつめたいドライアイス（二酸化炭素を固体化したもの）は、零下六五度ですが、このくらいの温度にひやして圧縮したくらいでは、まだまだ、空気は液化しません。

ところが、ここでたいへんうまいことがみつかりました。それは、気体をうんと圧縮して、急に小さいあなからふき出しぼうちょうさせると、温度が急に下がることがわかったことです。そこで、これを利用して、つめたい空気を圧縮し、これを小さいあなからふき出させ、その温度を下げる、つぎにまた圧縮してふき出させるということを、何回かくりかえすことによって、ついに空気を零下一四〇度以下にすることができました。

こんな、つめたい空気を圧縮することによって、空気ははじめて液体になりました。液体空気は零下一九〇度という低温で、たいていのものは、液体空気にふれるとたちどころに凍ってしまいます。

バラの花びらを液体空気の中にいれると、ピンクのガラスのようになって、これをなげつけると、色ガラスのようにわれてしまいます。金魚は、急に凍ってカチカチになりますが、水の中にいれてやると、また生きかえって泳ぎはじめます。

空気が、化合物でない証拠には、液体窒素のほうが、さきに蒸発しやすく、液体空気をおいておきますと、しだいに液体酸素が多くなっていきます。まえにお話したアルゴンや、ネオンなども、空気を液化し、それぞれの液体の蒸発のしかたのちがいによって工業的に分けることができるのです。

このような方法で、私たちは、今ではどんな気体でもこれを液体にし、つぎに固体にすることができるようになりました。なかでも、水素とヘリウムとはいちばん液化しにくい気体で、液体水素は零下二五三度、液体ヘリウムは零下二六七度という想像もつかないような低い温度であります。

13　気圧は高さで変わる

空気の組成《そせい》は、つぎの章でのべるように高さによってほとんどかわりがなく、数十キロまでの高さまではほとんど一定と考えてよいことがわかりました。

しかし、空気の密度は、高さとともに減少していきます。空気が、地球からにげてしまわないのは、地球の引力によって、空気の分子（O_2・N_2・CO_2など）が引きつけられているためです。けれども、気体は、みずから拡《ひろ》がり、ぼうちょうしようとする性質があるので、この二つの反対の力が、つりあうように、高さによって空気の密度が変化していきます。

地上に近いところでは、いちばん、密度が大きく、高くなると密度は急に減少していきます。したがって、ある高さの気圧、すなわち、一平方センチの面を、そこから上にある空気全体の目方でおさえつけている力は、高さとともに、急に減少します。

たとえば、富士山の高さでは、気圧は地上の六三％しかありません。そこで、富士山の上では、空気がすくなくて頭がいたくなったり、またごはんをたいても、なまにえになります。

空気のあるところは、地上数百キロくらいまでと考えられていますが、わずか三キロとちょっとくらいのぼったところで、もう気圧が四〇%近くもへってしまうということは、ほとんど大部分の空気が、地上に近いところにあつまっていることをしめしています。

気圧は、五〇〇〇メートルのぼるごとにほぼ$\frac{1}{2}$ずつ減少していきます。このように、高さによって空気が急にすくなくなっていくため人間が、空高くのぼるということは、ひじょうに困難な仕事になってきます。

飛行機でも、気球でも、空気があってこそはじめて、大空をとべるのですし、人間はもともと地上の濃い空気の中に住んでいる動物ですから、高いところには、酸素をもっていかなければ、とうてい生きてはおられません。いままでのところでは、人間が、飛行機でいちばん高く上がったレコードは、せいぜい、地上三〇キロくらいまでです。

地球の半径を六〇〇〇キロとしますと、地上から二、三〇キロというのは、まるで問題にならないほど小さい数で、地球全体からみればノミが、はねたほどにもあたらないといえるでしょう。

14　空気の組成が変わる高さ

ゲーリュサックが、気球にのって、七〇〇〇メートルの高さの空気をあつめて、もちかえり、分析したところ、こんな高いところの空気でも、地上の空気と、まったくおなじ成分をもっていることをみいだしたことは、まえにお話したとおりです。

ところで、そののち、いったい、どのくらいの高さまでのぼったら、地上の空気と組成がちがうだろうかというわけで、多くの人々によっておなじような研究がくりかえされました。

ある人は、真空《しんくう》にした、ガラスのフラスコを気球につけて高くとばし、ある高さで、自動的に、真空のフラスコの中に空気をすいこみ、また自動的に閉じるようにして、地上、二〇キロメートル以上の空気の分析をしました。しかし、二〇キロメートルも高いところでも、空気の組成にはすこしもかわりはみとめられませんでした。ソヴェート・ロシアと、アメリカでは、大きい気球に二、三人の人がのって、やはり二〇キロ付近の空気をとってきて、分析しました。

ソヴェート・ロシアの気球はU・S・S・R号（U・S・S・Rはソヴェート・ロシアの略）といって一九三二年にとび、アメリカのはエクスプロアラー第一号と第二号（エクスプロアラー Explorer は探検者の意味）で一九三四年と一九三五年にとびました。ソヴェート・ロシアの気球はその後の飛行のときに、二一キロでばくはつし、搭乗していたフェドセンコ、ワセンコ、ウイスキンの三人が研究の犠牲になりました。

これらの尊い研究の結果、二〇キロの近くまでは、空気の組成は地上とほとんどかわらないことがわかりました。

なぜ空気の圧力がどんどんへっても、数十キロまでは、空気の組成のほうは少しもかわらないのでしょう。まず一〇キロの付近までは、空気の上下の対流が、ひじょうによくおこなわれています。私たちは、空気のこの部分を対流圏と呼んでいます。一〇キロ以上になりますと、空気の上下の対流はあまりおきないで、空気は上と下で混合しあわないようになります。私たちはこれを成層圏とよんでいます。成層圏になると、上下の対流はすくなくなりますが、まだ空気の組成をかえるほどではありません。空気の組成がかわりはじめるのは、四〇キロメートルより上であることが最近のロケットの観測からたしかめられました。

酸素と窒素の分子量の比は、三二対二八で、たいしたひらきではありませんが、ヘリウムの場合には分子量（単原子分子ですから原子量といってもおなじことです）が四で、酸素や窒素にくらべるとずっとかるいので、四〇キロ以上になるとヘリウムの割合が増し、その他ネオンのような気体もいくぶんその割合がますことがみとめられました。

15　大気のあたたかさ

前のところで、火山灰が空高く吹き上げられて長い間、浮かんでいると、太陽の光がさまたげられ、地球の表面に近いところの気温が下がり、いわゆる凶冷《きょうれい》をおこすことがあるといいました。

凶冷というのは、東北地方や、北海道などで、夏になっても、天気がわるく、気温が上がらないで、農作物がすこしもできず、ききんなどをおこすことです。

私たちは、空気の温度のことを気温といいますが、私たちが、よくまちがうのは空気が太陽の光で直接あたためられているように思うことです。

ところが、空気は日射を直接には吸収しませんから、太陽の光で空気は直接にあたためられることはありません。いったん、地表面や、海の表面が太陽の熱をすって、その熱をすこしずつ出すとき、空気の中にある水蒸気などがこの熱を吸収します。空気はこの熱で、はじめてあたためられるのです。

寒暖計《かんだんけい》を風のよくあたる日蔭《ひかげ》にしばらくおきますと、そのとき示す温度は、空気の温度といってよいでしょう。ところで、この寒暖計を日向《ひなた》にもってきますと、水銀柱はどんどんのぼって、夏などは、たちまちセ氏四、五〇度以上になってしまいます。これは寒暖計のガラスや水銀が、直接に太陽の熱をすって、温度が上がったので、けっして、空気の温度を示しているわけではありません。

もし、空気が直接に太陽の熱であたためられるのでしたら、日のあたる昼間にはおそろしく温度が高くなり、日が沈むとまた急に冷《ひ》えてしまうはずです。もし、そうだったら、私たちは、毎日昼と夜とで、夏と冬ほどもちがった着物にきかえなくてはならないことでしょう。もちろん、実際に、夜になると、いくらかは気温は下がりますが、その下がり方は徐々におこなわれ、通常、よあけ前ごろにいちばん、気温が低くなります。これは、土地の表面や、海の表面が昼間すった太陽の熱を、夜になってもすこしずつ放出して、空気をあたためつづけているからです。

こういうわけで、高い空に浮かんでいる火山灰によって、太陽の光がさまたげられますと、地球の表面の一部は、それだけ熱をすうことがすくなくなり、またそれだけ、空気をあたためることがすくなくなります。こうして、地球上のどこかに凶冷がおこるのだろうと説明されています。

天明三年（一七八三年）に浅間山が有史以来のばくはつをしましたが、その年と翌年は、有名な天明の大ききんでした。こういう例はまだほかにもあって、たとえば、明治三十五年（一九〇二年）の凶作はマルチニック島という大西洋の中の島の、モン・ペリエ火山の大ばくはつのためだと考えられています。

ゲーリュサックは、はじめて七〇〇〇メートルまで気球でのぼって、そのときは地表面では二七・五度という暑い日であったのに、七〇〇〇メートルでは、零下九・五度になり、高くのぼるとともに、気温が下がるということをはじめて発見したのでした。

きみたちも、山のぼりをして、山の頂《いただ》きでは、山のふもとより気温が低いことを経験しているでしょう。

ちょっと考えると、高くなれば、太陽に近づくから、かえってあたたかくなりそうに思われます。しかし実際には気温は一〇〇メートルのぼるごとに、ゲーリュサックの観測のとおりだいたい〇・五五度くらいずつの割合で下がっていきます。

高いところに行くほど、気温の下がる一つの大きい原因は、つぎのように説明されます。それは高いところほど気圧が小さく、ここに下からあたためられてかるくなった空気がのぼってくると、空気はぼうちょうし、そのために、温度が下がります。また、空気のあたためられるのは、地球の表面からくる熱によるものですから、高くなればなるほど、その熱は途中の水蒸気などに吸収されてしまって、上までとどく割合がすくなくなるということができます。

むすび

私たちは、空気がたましいのようなものだと考えられていたころから、いまのように、空気の成分がはっきりわかり、空気のはたらきや、私たちの生活とのむすびつきなどがあきらかになるまでの歴史をふりかえってきました。

空気のような、ちょっと考えると、いかにも単純な物質でさえ、その本体をつかむまでには、なんという大きく、かつ長い苦労のあとだったことでしょう。私たちは、いまでは、むかしのえらい学者たちの努力のおかげで、空気について、ただしい知識をたやすくまなぶことができます。しかし、空気については、もうなんでもわかってしまっていると考えたら大きなまちがいです。まだまだ、私たちのまえは、未知のことがらでみたされています。

しかも、これらの未知のことがらについては、こんどは、これからきみたちが責任を負うているのです。この未知のことがらをさがし求めて、きみたちはすすまなければなりません。私は、未知の世界への案内役をつとめて、その、ほんの入口まで、きみたちのお相手をしてきました。さあ、私たちは、ここでお別れしましょう。私は、きみたちが、この「空気の発見」を一つの足がかりにして、さらにもう一歩ふかく、ふしぎな、未知な、しかも美しい自然の世界にふみこんで行くことをのぞんでいます。

では、さようなら。

あとがき

私は、科学教育が科学史とむすびついてなされることを、かねがね主張している。科学的精神をふきこむといっても、科学を創造した人々の思想や生活に、ふれずして、とうていその真随《しんずい》を理解することはできないであろう。また、私は、科学教育は記憶を重んずるつめ込み主義ではなく、科学の発展してきた論理を生徒に理解せしめることに重点をおかなければならないと考えている。

この書物は、著者の、このような考えをある程度、実現してみたいと思って試みたものである。さしえは真垣武勝氏の協力によるものであることを附記し、同氏に感謝の意を表したい。

三宅　泰雄

空気《くうき》の発見《はっけん》

三宅泰雄《みやけやすお》

昭和37年 7月1日 初版発行
平成23年 1月25日 改版初版発行
令和元年 6月15日 改版5版発行

発行者●郡司 聡

発行●株式会社KADOKAWA
〒102-8177 東京都千代田区富士見2-13-3
電話 03-3238-8521（カスタマーサポート）
http://www.kadokawa.co.jp/

角川文庫 16665

印刷所●大日本印刷株式会社　製本所●大日本印刷株式会社

表紙画●和田三造

ISBN978-4-04-409431-7 C0140

角川文庫発刊に際して

角川源義

第二次世界大戦の敗北は、軍事力の敗北であった以上に、私たちの若い文化力の敗退であった。私たちの文化が戦争に対して如何に無力であり、単なるあだ花に過ぎなかったかを、私たちは身を以て体験し痛感した。西洋近代文化の摂取にとって、明治以後八十年の歳月は決して短かすぎたとは言えない。にもかかわらず、近代文化の伝統を確立し、自由な批判と柔軟な良識に富む文化層として自らを形成することに私たちは失敗して来た。そしてこれは、各層への文化の普及滲透を任務とする出版人の責任でもあった。

一九四五年以来、私たちは再び振出しに戻り、第一歩から踏み出すことを余儀なくされた。これは大きな不幸ではあるが、反面、これまでの混沌・未熟・歪曲の中にあった我が国の文化に秩序と確たる基礎を齎らすためには絶好の機会でもある。角川書店は、このような祖国の文化的危機にあたり、微力をも顧みず再建の礎石たるべき抱負と決意とをもって出発したが、ここに創立以来の念願を果すべく角川文庫を発刊する。これまで刊行されたあらゆる全集叢書文庫類の長所と短所とを検討し、古今東西の不朽の典籍を、良心的編集のもとに、廉価に、そして書架にふさわしい美本として、多くのひとびとに提供しようとする。しかし私たちは徒らに百科全書的な知識のジレッタントを作ることを目的とせず、あくまで祖国の文化に秩序と再建への道を示し、この文庫を角川書店の栄ある事業として、今後永久に継続発展せしめ、学芸と教養との殿堂として大成せんことを期したい。多くの読書子の愛情ある忠言と支持とによって、この希望と抱負とを完遂せしめられんことを願う。

一九四九年五月三日